哲学者とオオカミ

愛・死・幸福についてのレッスン

マーク・ローランズ 著
今泉みね子 訳

The Philosopher and the Wolf

Lessons from the Wild on Love, Death and Happiness

Mark Rowlands

白水社

哲学者とオオカミ——愛・死・幸福についてのレッスン

エンマに

哲学者とオオカミ　目次

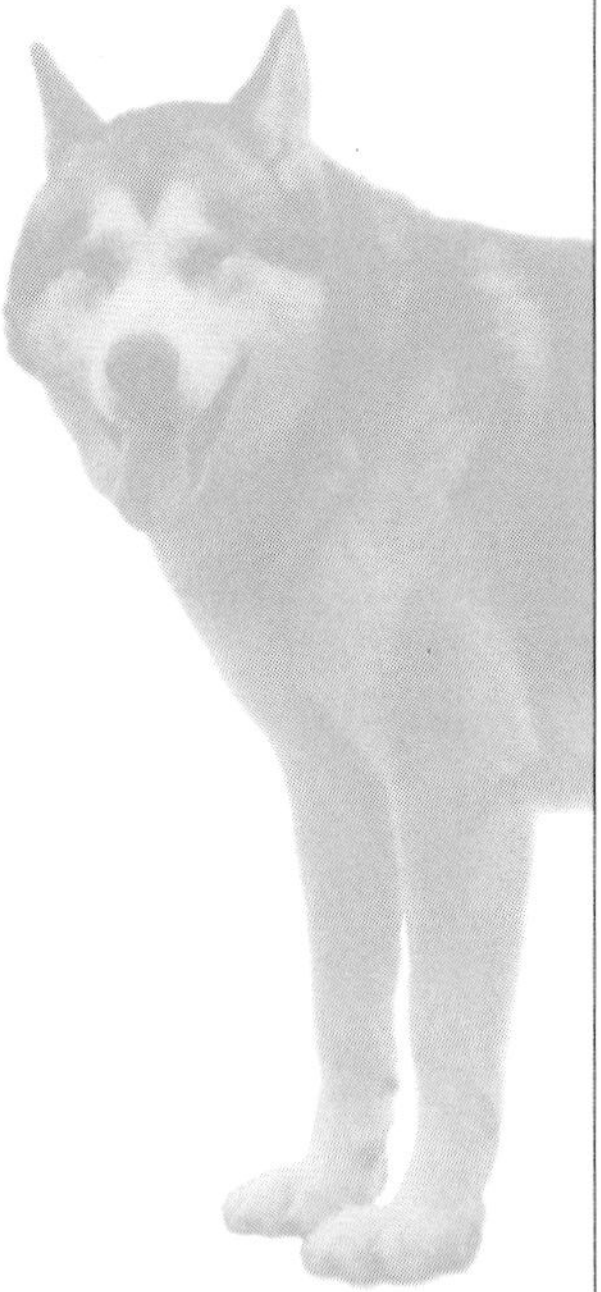

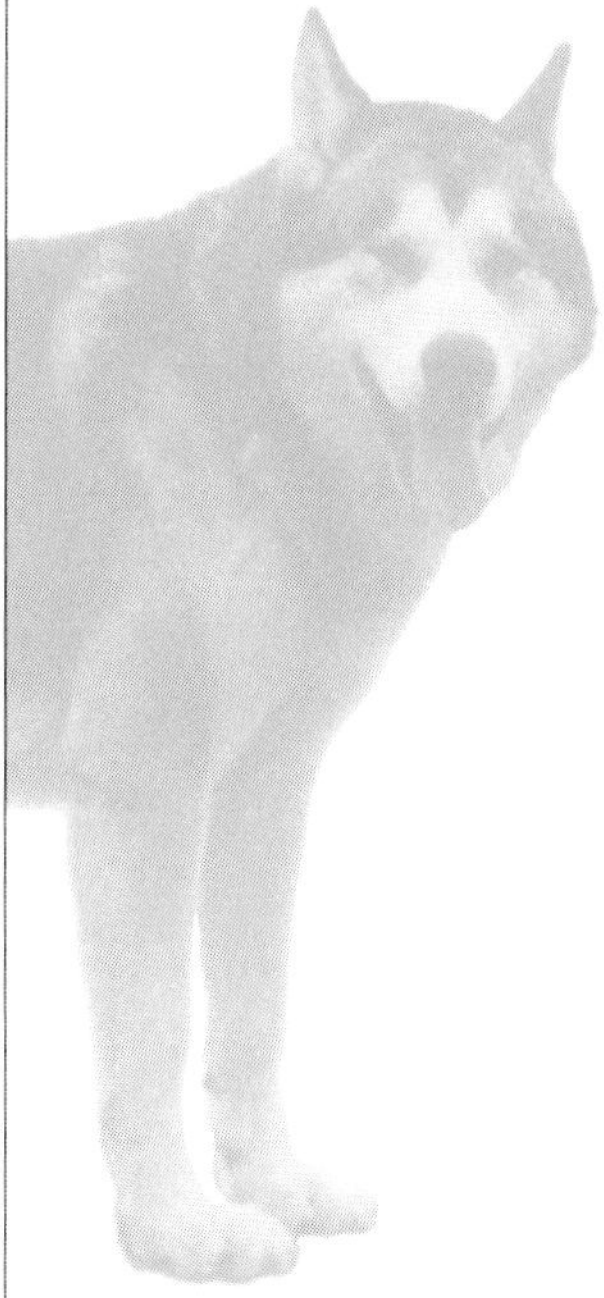

装丁　伊勢功治

1 クリアリング

1

わたしはこの本で、ブレニンという名のオオカミについて語ろうと思う。一九九〇年代の大半と二〇〇〇年代の初めまで、十年以上にわたってブレニンはわたしといっしょに暮らした。根無し草で落ち着きのないインテリと生活を共にすることで、ブレニンは並外れてたくさんの旅をするオオカミとなった。住んだ場所はアメリカ合衆国、アイルランド、イングランド、最後はフランスだった。また、たいていは不本意ながらであるが、地球上に生きたどんなオオカミよりも多く、無料で大学教育の恩恵を受ける身となった。読みすすめていただければ分かるように、もしブレニンを家にひとり残しておいたら、我が家とわたしの所有物は悲惨な結果になっていたに違いない。そのため、ブレニンを仕事場に連れていくほかなかった。そしてわたしは哲学の教授だったから、ブレニンも授業について来ることになった。わたしが哲学者や哲学についてブツブツと単調な話をしている間、ブレニンは教室の隅に寝そべり、居眠りするのが常だった。これは学生たちと本当によく似ていた。ときどき、講義がことさら退屈になると、ブレニンは体を起こして、遠吠えをあげた。こんな習慣があるものだから、ブレニンは学生たちから愛された。学生たちも、同じことをしたいと思っていたに違いない。

この本ではまた、人間であるということが何を意味するのかについても語りたい。といっても、生物学的な存在としての人間ではなく、他の生き物にはできないことができる生き物としての人間である。わたしたちが自分自身について語るとき、月並みにくり返されるのは、人間がいかにユニークであるかという点である。ある人は、人間のユニークさは、文明をつくり出し、それによって必死に自分自身を自然から守る能力にあると言う。別の人は、人間は善悪の区別を理解できる唯一の生き物で、それゆえに真に善者にも悪者にもなれる唯一の生き物なのだと指摘する。あるいはまた、人間は理性をもつがゆえに特別なのだと主張する人もいる。非理性的な野獣の世界にあって、人間は唯一の理性的な動物なのだと。さらにはまた、口がきけない動物たちと人間とをはっきり区別するのは、言語の使用だと考える人もいる。ある人は、人間には自由意志をもつ能力があり、自由に行動できるからユニークなのだと言う。また別の人は、人間だけが愛することができるからこそ、ユニークなのだと考える。さらには、人間だけが自然そして真の幸福の基盤を理解できると言う人もいる。人間がユニークなのは、人間だけが自分がいつかは死ぬということを理解しているからだ、と考える人もいる。

わたしはこれらの所説《ストーリー》のどれ一つとして、人間と他の生き物の間に横たわる決定的な深淵の根拠だとは思わない。わたしたちが、他の生き物ではできないだろうと思っていることの一部は、実際には他の生き物でもできる。一方で、人間ならできると思っていることの一部は、実際にはわたしたちはできない。その他についていては、事の種類というよりもたいていは、いわば程度の問題である。これらの所説とは違って、わたしたち人間のユニークさというのは単に、人間がこうした所説を語るという事実、しかも自分自身にこうした所説を信じ込ませることが実際にできる、という点にある。もし、わたしが人間の定義を一言で表現しようとするなら、次のようになるだろう。「人間とは、自分自身について自分が語る所説を信じる動物である。人間というのは、根拠なしに軽々しく信じやすい動物なのだ」と。

昨今の暗い時代にあって、わたしたちが自分自身について語る所説が、ある人間と別の人間を差別する最大の源になり得る、ということを強調する必要はないだろう。信じやすい性質はしばしば、ほんの一歩で敵意に変わってしまうのだ。けれども、わたしがここで問題にしているのは、人間をお互いに区別するために語る所説ではなくて、人間を他の動物から区別しようとして語る所説である。何がわたしたちを人間たらしめているかについて、わたしたちが語る所説である。どの説も、暗い面とでも呼べそうなものをもっている。影を投げかけているのだ。この影は、それぞれの所説が言っていることの背後に見られる。そこにこそ、その所説が言いたいことが見つかるだろう。そして、これは少なくとも二つの点で暗くなりがちだ。まず第一に、その所説が示しているものはしばしば、人間性のもつ、かなりありがたくない、それどころかわずらわしい面である。第二に、その所説が示しているものは見えにくい場合が多い。この二点はお互いに無関係ではない。わたしたち人間は、自分が不快だと感じる自分自身の側面を無視するための、とても便利な手段をもっている。そしてこの手段は、わたしたちが自分自身について自分自身に説明するために語る所説にも使われる。

周知のとおり、オオカミは昔から不当にも、人間性の暗い面の象徴とされてきた。これは多くの点で皮肉である。少なくとも語源学的には皮肉だ。ギリシャ語でオオカミはルコス（lukos）という。この言葉は光を意味するレウコス（leukos）にあまりに似ているので、片方を言えばもう片方が連想される。この連想は単に翻訳の誤りの結果だったのかもしれないし、これら二つの言葉の間にもっと深い語源的なつながりがあったのかもしれない。理由はどうあれ、アポロは太陽の神であるだけでなく、オオカミの神だとも見なされていた。この本で重要なのは、オオカミと光のつながりである。オオカミを森のクリアリング、すなわち森の中の開《ひら》けた場所だと想像してみよう。森の奥地はとても暗くて、木々が見えないが、ところどころにある開けた場所、クリアリングは、隠れて見えなかったものを、見えるようにしてくれる。わたしが見せようとしているのは、人間の魂のクリアリングだ。わたしたちが自分自身について語る所説の中に隠れているもの、所説が暗示してはいても明言はしていないものを、オオカミが明るみに出してくれるのだ。

わたしたちはオオカミの影の中に立つ。ある物が影を投じるには二つの状況がある。その物自体が光をさえぎることで影が生じる場合と、その物自体は光源で、その光を他の事物がさえぎる場合だ。わたしたちは人間によって投じられた影と、火によって投じられた影のことを話す。わたしがオオカミの影と言う場合には、オオカミ自身によって投じられた影のことを言っているのではなく、オオカミの光を受けてわたしたちがつくる影を意味している。そして、これらの影からはまさしく、わたしたちが自分自身について知りたくないことが見えてしまう。

2

ブレニンは数年前に死んだ。わたしは今でも毎日、彼のことを想わないではいられない。多くの人の目には、あまりにも甘ったるいと映るかもしれない。ブレニンはとどのつまり、ただの動物なのだから。それでも、わたしの人生にとって大切と思われるあらゆる点で今はこれまでで最良であるにもかかわらず、自分が小さなものになってしまったと感じる。それがなぜなのかを説明するのは本当にむずかしいし、長いあいだ自分でも理解できなかった。だが、今は理解できると思う。ブレニンが、それまでの長ったらしい教育が教えてくれなかった、そして教えてくれることができなかった何かを教えてくれたからなのだと。そしてこれは、ブレニンが去ってしまった今では、鮮明に記憶にとどめるのがむずかしい授業《レッスン》となってしまった。時は癒してくれるが、それによってすべてを消し去ってもしまう。この本は、この授業が消し去られてしまう前に、記録にとどめておこうとする試みである。

イロコイ族の神話に、一族がある選択を迫られたという話がある。この神話にはいろいろなヴァージョンがあるのだが、ここではもっとも簡単なそれを紹介しよう。次の狩猟シーズンにどこに移動すべきかを決めるために、部族の議会が召集された。けれども議会のメンバーは、自分たちが最終的に選んだ場所にオオカミが住んでいるということを知らなかった。その結果、イロコイ族は何度もオオカミの攻撃にさらされ、一方、オオカミの方もその数がしだいに減っていった。イロコイ族は選択に直面した。どこかほかに移るか、それともオオカミを殺すかだ。後者の選択は、自分たちを卑小な人間にしてしまうだろう、と悟った。自分たちは、自分が望まない種類の人間になってしまうだろうと。それで、イロコイ族はさらに移動することにした。そして、それまでに犯した過ちをくり返さないために、今後開かれるすべての会議では、誰かがオオカミの代表として指名されるべきだということを決めた。「誰がオオカミの代弁をするのか?」という問題をもって、会議が始められるようになったのだ。

これはもちろん、イロコイ族から見た神話のヴァージョンである。もしオオカミから見たヴァージョンがあるなら、かなり違ったものになるはずだ。けれども、ここには真実もある。わたしはこれから、わたしたちの誰もがほとんどの面において、サルの魂をもっているということを示そうと思う。この「魂」という言葉にあまりに多くのことを込めようとは思わない。「魂」といっても、わたしたちの不滅で朽ちることのない何らかの部分が肉体の死後も生き残るのだと、必ずしも言いたいわけではない。魂はそうしたものかもしれないが、わたしは信じない。あるいは、魂は単に心で、心は単に脳なのかもしれない。しかし、これも疑わしい。わたしが言う魂とは、わたしたちが自分自身について語る所説《ストーリー》の中に露呈されるものである。なぜわたしたちがユニークなのかについての所説、どんな反対証拠があろうと、わたしたちが信じ込んでしまう所説の中に露呈されるものだ。これから詳しく述べるように、これらはサルの側から語られる所説だ。これらの所説は明らかにサル的な構造、テーマ、内容をもつのである。

ここでわたしはサルを、わたしたちすべての中に多少ともはっきりと存在する、ある傾向のメタファーとして使う。この意味で、一部の人は他の人よりもサル的である。そもそも、他のサルよりもサル的なサルもいる。「サル」とは、世界を道具の尺度で理解する傾向の具現化だ。物の価値を、それが自分に役に立つかどうかで測るのだ。サルとは、生きることの本質を、公算性を評価し、可能性を計算して、結果を自分につごうのよいように使うプロセスと見なす傾向の具現化だ。世界を資源、つまり自分の目的のために使うことのできる物の集合と見なすのだ。サルはこの原則を他のサルにも適用するだけでなく、さらには自然環境にある他者すべてに対しても同じように、いやそれ以上に適用する。

サルには友だちはいない。友の代りに、共謀者がいる。サルは他者を見やるのではなく、観察する。そして、観察している間じゅう、利用する機会をねらう。サルにとって生きるということは、攻撃する機会を待つということだ。他者との関係は常にたった一つの原則の上に、不変かつ容赦なく成り立っている。すなわち、おまえはわたしのために何ができるか、おまえにそれをしてもらうにはいくらかかるか、という原則だ。畢竟、他者に対するこうした見方は、自分にもはね返り、自分自身に対する見方にも影響をあたえる。そのため、自分の幸福についても、測定できる何か、量や質を測ることができて計算できる何かだと思うのだ。愛についても同じように考える。サルは人生で一番大切なものも、コスト・利益分析の視点から見るのである。

くり返しになるが、これは人間の傾向について述べるためのメタファーである。わたしたちの誰もが、こういうタイプの人々を知っている。そうした人々に仕事でも余暇でも出会うし、会議やレストランでテーブルをはさんで対座してきた。けれども実は、これは人間の基本タイプが誇張された例であって、わたしたちのほとんどが、自分で実感している以上に、あるいは自分で認めようとする以上に、こういう傾向があるのだ。ところで、なぜわたしはこうした傾向をサル的と見なすのか。人間だけが、苦しみなどの人間的な感情のすべてを経験できる類のサルだというわけではない。後で述べるように、他のサル類も強烈に愛を感じることがあるし、強烈な悲しみのあまり、死んでしまうこともある。共謀者だけでなく、友をもつこともある。それでもいま述べた傾向は、それがサルによって可能にされるという意味で、サル的である。もっと正確にいえば、知られているかぎりではサル類以外の動物では見られない、一定の認識の発達によってこそ、こうした傾向は可能にされる。世界とその中に生きるもののすべてをコスト・利益分析によって評価する傾向。自分の生活やそこで起こる重要なことはすべて定量化したり、計算できると見なす傾向。このような傾向が可能なのは、サル類が存在するからである。そして、すべてのサル類の中でも、わたしたち人間には、この傾向がもっとも包括的に見られるのだ。ところが、わたしたちの魂には、サルになるはるか以前、つまりこうした傾向がわたしたちを圧倒する前から存在していた部分もある。この部分は、わたしたちが自分自身について語る所説の中に隠されている。隠されているとはいえ、これを掘り起こすことはできる。

進化は一歩、一歩、漸進的におこる。進化にはタブラ・ラサ、白紙というものはない。進化は、すでに存在するものを使ってだけ機能できるのであって、何も描かれていない製図版に戻ることはできない。これを説明するのによく使われる例は、カレイ・ヒラメの奇怪にねじれた姿だ。片方の目が、もう片方の目がある側に引き寄せられている。魚類は本来は別の目的のために進化していたから、目は背側ではなく体の両側にあった。ところが、進化圧はカレイ・ヒラメ類に、海底にへばりつくという特殊な生活をもたらし、それにともなって、目の位置をも変えたのだ。そのことを、奇怪な姿は示している。同様に、進化は人間の発展においても、前からあったものを使って作用しなければならなかった。わたしたちの脳は本質的には歴史的な構造をなしている。人間の特徴は、哺乳類新皮質がとくによく発達している点である。だが、この哺乳類新皮質も、わたしたちの爬虫類の祖先がもっていたのと同じ、原始的な大脳辺縁系の基礎の上につくられたものである。

わたしたちが自分自身について語り信じる所説が、ヒラメの目や哺乳類新皮質のような進化の産物だと言いたいわけではない。それでも、これらもまた似たような形で成立したのだとは思う。より古い構造とテーマの上に新しい出来事の層が乗せられていくという、漸進的な過程をたどったのだ。わたしたちが自分自身について語る所説のためには、真っ白な紙などといったものはない。注意深く見るなら、そして、どこをどのように見るべきかを知っているなら、サルによって語られるどんな所説《ストーリー》の中にもオオカミをも見出せる、ということを本書で明らかにしようと思う。オオカミはわたしたちに、サルにとって価値あるものが愚鈍で無価値であることを教えてくれる。これこそがこの話の機能である。オオカミはわたしたちに、人生でもっとも重要なものは、決して計算ずくでできるものではないことを教えてくれる。真に価値があるものは、量で測ったり、取り引きできないことを思い出させてくれる。ときには、たとえ天が落ちようとも〔「たとえ天が落ちようとも公正はなされるべき」というローマ人の格言がある〕、正しいことをなすべきだということを思い出させてくれるのだ。

わたしたちの誰もが、オオカミ的というよりもサル的であると思う。多くの人間では、人生についての話からオオカミ的なものはほとんど消去されてしまった。けれども、このオオカミを死滅させては、わたしたちにとって危険である。サルの策略は、最終的にはなんら成果を生まないだろう。サルの知恵はあなたを裏切り、サルの幸運は尽き果てるはずだ。そうなってやっと、人生にとって一番大切なことをあなたは発見するだろう。そしてこれをもたらしたのは、策略や知恵や幸運ではない。人生にとって重要なのは、これらがあなたを見捨ててしまった後に残るものなのだ。あなたはいろいろな存在であることができる。けれども、一番大切なあなたというのは、策略をめぐらせるあなたではなく、策略がうまくいかなかったあとに残るあなただ。もっとも大切なあなたというのは、自分の狡猾さに喜ぶのではなくて、狡猾さがあなたを見捨てた後に残るものだ。もっとも大切なあなたというのは、自分の幸運に乗っているときのあなたではなく、幸運が尽きてしまったときに残されたあなただ。究極的には、サル的なものは必ずあなたを見捨てるだろう。あなたが自分自身に問うことのできるもっとも重要な疑問は、これが起こったときに、その後に残るのは誰なのか、という問題なのである。

なぜわたしがブレニンをこうも愛したのか、そしてブレニンが逝ってしまった後、なぜ彼のことがこれほど恋しいのか、長い間わからなかった。それが今、ついに理解ができたように思う。ブレニンはわたしに、それまでの長期間の教育で学ぶことができなかった何かを教えてくれたのだ。わたしの魂のなんらかの古代的な部分には、まだ一頭のオオカミが生きていたということを。

ときには、わたしたちの中に存在するこのオオカミに話をさせる必要がある。サルのひっきりなしのおしゃべりを静かにさせるためにも。この本は、わたしができる唯一の方法で、オオカミを代弁する試みである。

3

「わたしができる唯一の方法」は、計画していたのとはかなり違ったものになってしまった。この本を書くのに長い時間がかかった。いろいろな形で、十五年という歳月の最上の部分をこの仕事に費やしてきた。この本に込められている思考を追及するのに、長い時間がかかったからである。ときには、車輪はゆっくりとまわる。この本は一頭のオオカミとの生活から生まれたものではあるが、非常に現実的な意味では、この本が何であるのか、わたしには分からない。

ある意味では、この本は自伝的である。ここで描かれる出来事はすべて、実際にわたしの人生で起こった出来事だ。しかし、多くの点では、この本は自伝ではない。少なくともすぐれた自伝ではない。もし、この本にスターがいるとすれば、それはもちろんわたしではない。わたしは単に、背景でよたよたしている無意味なエキストラでしかない。すぐれた自叙伝には他のたくさんの人々が登場する。ところがこの本では、他の人々はさほど登場しない。読者は、わたしの生活の中に他の人間の面影くらいは見つけるかもしれないが、それ以上ではない。自分たちが登場することにこれらの人々が喜ぶかどうか分からないので、プライバシーを守るために、名前は変えてある。ほかにも擁護したいことがある場合には、場所や時間経過を詳しく書くことは控えた。すぐれた自叙伝はまた、詳細かつ包括的に書かれている。この点でも、この本では細かな描写はまれで、記憶はえり好みがはげしい。本書は、ブレニンとの生活からわたしが学んだことで進められていくので、これらのレッスンをめぐる形で構成されている。そのため、主として焦点を当てたのは、ブレニンとわたしの生活の中で起こった出来事のうち、わたしが発展させたかった思考に関係のあるものである。他にも意義深いものも含めていくつものエピソードがあるが、本書では触れなかった。それらは時間と共にやがては消えるであろう。出来事、人間、時間的な経過をとくに詳しく描写すると、せっかく発展させたかった思考が隠れてしまいそうな場合には、これらを容赦なく除いてしまった。

この本はわたしの物語にはならなかったし、本来の意味でのブレニンの物語にもならなかった。もちろんこの本は、わたしたちが共に暮らした年月に起こったさまざまな出来事をめぐってはいる。それでもわたしは、こうした出来事が起こっているときに、ブレニンが何を思っているかを理解しようとしたのはまれだった。十年以上もブレニンといっしょに生活したものの、もっとも単純なケース以外には、そうした判断をできる資格が自分にあるかどうか、確信はないのだ。それに、本書で描写する出来事の多くや、それらを通して議論する問題点の多くは単純ではない。ブレニンはこの本で、具体的などっしりとした存在として異彩を放っていると確信している。だが、ブレニンはまた、まったく違った形でも登場する。わたしのある側面、もはや存在しないかもしれない側面の象徴ないしメタファーとしてである。こうしてわたしは、このオオカミが「知っている」ことについての隠喩的な話に走ってしまうこともある。こうした話を読んで、ブレニンの心で実際に何が起こっているかを経験から推測しているのだな、と思われてしまうと、そんな主張は滑稽なほど擬人的になってしまうだろう。だが、わたしは保証する。そんなことを意図したわけではないのだと。同様に、わたしがブレニンから学んだレッスンと言うとき、こうしたレッスンは直感的なものであって、基本的には非認識的なものだった。これらのレッスンはブレニンを研究することから学んだのではなく、生活を共にすることから学んだ。そして、レッスンの多くをわたしがやっと理解したときには、もはやブレニンはいなかった。

この本は哲学の本でもない。少なくとも、わたしが訓練を受けてきたような哲学、そして、わたしの同業者たちが評価するであろう狭い意味での哲学の本ではない。ここには議論が登場する。けれども、前提から結論にいたるきちんとした進捗はない。生きるということは、前提や結論をするにはあまりにつかみどころがないのだ。一方では、本書の議論がしばしば重なり合うのには、自分でも驚いた。ある章で扱い、終わらせたつもりでいた問題点が、後になって、新しく変化した形をとって、またも自己主張し続けることがあるのだ。これはこの探求の性格上、やむをえないと思われる。生きるということがそう易々と処理され、結論づけられるなどというのはまれなのである。

本書の推進力となる思考は、確かにわたしが考えたことではあるが、それでも、ある重要な点では、わたしのものとは言えない。といっても、これらを他の誰かが考えたというわけではない。もちろん、ニーチェ、ハイデガー、カミュ、クンデラ、後期のリチャード・テイラーといった思想家の影響をはっきり見ることはできるが。そうではなくて、ここには（ここでもわたしはメタファーの力を借りなければならないが）、オオカミと人間とのあいだの空間においてのみ生じうる、ある種の思考があるという意味で、わたしのものではないのだ。

わたしたちがいっしょに生活し始めたころ、ブレニンと週末によくアラバマ州の北東の隅にあるリトル・リヴァー・キャニオンに出かけて、（違法に）テントを張った。わたしたちは寒さで身をふるわせ、月に向かって遠吠えをしながら、時を過ごすのが常だった。渓谷は狭くて深く、密生したドルイド・オークやシラカバのあいだをくぐって陽光が差しこんでも、光は弱々しかった。そして、太陽が西の縁を越えてしまうと、木々の影が凍りついて、塁壁のようになった。一時間かそこら、植物の茂った小道をなんとか歩くと、森の空き地（クリアリング）に入った。タイミングが合えば、そこでは太陽がちょうど渓谷の縁にお別れのキスをしているところで、黄金色の光が空き地に差しこんだ。するとそれまでの時間、薄暗い陰にほとんど隠されていた木々が、老成した力強い壮観な姿を現した。クリアリングは、暗闇に隠れていた木々を光の中へと出現させる空間なのだ。この本をなす思考は、もはや存在しないある空間に出現した。これらの思考は、少なくともわたしにとっては、このような空間なしには実現しなかったであろう。

このオオカミはもういない。だからこの空間も消えてしまった。これまで書いてきた文章を読み通してみると、そこに含まれている思考が他人事に見えることに驚いてしまう。こんなことを考えたのが自分なのだという事実に、奇妙な発見をしたようなショックを受ける。わたしはこれらの思考を信じるし、これが真実だと思うが、もう二度と考えることはできないだろう。そういう意味で、これらの思考はわたしのものではなく、クリアリングの思考、一頭のオオカミと一人の人間のあいだの空間に存在する思考なのである。

2 兄弟オオカミ

1

ブレニンがジープの後部座席で横たわることは、これまで一度としてなかった。身の回りで起こっていることを、いつも見たがったのだ。もう何年も前になるが、一度わたしたちはアラバマのタスカルーサからマイアミまでの一三〇〇キロを往復した。ドライブの間、ブレニンはずっと立ち続けていた。その大きな姿のために、日光の大部分と後続の車はまったく見えなくなった。けれども今回、ベジールまでのわずかな道のりを走るだけなのに、ブレニンは立ち上がろうともしなかった。立ち上がることができなかったのだ。ブレニンの命がもう終りであることを知ったのはその時だ。わたしはブレニンを、彼が死を迎える場所へと連れていく途中だった。それまでは自分自身に、もしブレニンが立ち上がるなら、たとえドライブの一部だけでも立ち上がるなら、あと一日は助かるかもしれない、奇跡が起こるのをあと二十四時間は待とう、と言い聞かせていた。しかし、今やすべてが終わったことを、わたしは悟った。これまでの十一年間の友は逝ってしまうのだ。そして、彼が去った後に残るわたしがどのような類の人間になるのか、想像もできなかった。

この暗いフランスの真冬とこれ以上ないほど対照的だったのは、それより十年以上前、五月初めのアラバマでの明るい夕方だった。生後六週間のブレニンをわが家、わたしの世界へと初めて連れてきたときのことだ。ブレニンは家に到着して二分以内に（おおげさに聞こえるが本当だ）、リビングルームのカーテンをカーテンレールから引きずり下した（二つのセットもろとも！）。次に、わたしがカーテンをかけ直そうとしているあいだに、いったん庭へ出てから地下室に入った。家の後方は高床式になっており、レンガの壁に取り付けられたドアを通って、地下室に入ることができる。そのドアをわたしは開けっ放しにしていたらしい。

ブレニンは地下室に入ると、計画的かつ入念に、だがとりわけ迅速に事を進めていった。地下室には、エアコンの冷気を各部屋の床にある通気孔へと送る、断熱材で包まれたやわらかいパイプがあった。ブレニンはパイプを一本一本引きずり下ろした。この行動は、新しい物や見慣れない物に対する、ブレニン独特の行為だった。何が起こるのかを見たがり、何が起こるかを調べ、それを受け入れ、それから捨て去るのだ。ブレニンがわたしのものになってから、一時間しかたたないうちに、もう彼のために千ドルがかかった。五百ドルは彼を買った金、もう五百ドルはエアコンの修理費だ。当時の税込み給料一か月分に近い額だ。このパターンは、わたしたちが共同生活をしていた間じゅう、しばしば斬新で想像力に満ちた形でくり返されることになった。オオカミは安くはつかないのだ。

だから、読者がオオカミとか、オオカミとイヌのミックスを手に入れようと思っているのなら、わたしの最初の助言はこうなる。そんなことはしてはいけない！　決してしてはいけない。そんなことは考えてもいけない。オオカミはイヌではないのだ。けれども、あなたが愚かにも、どうしても飼うというなら、あなたの人生は永久に変わることになるだろう。

2

人生最初の職業である、アラバマ大学の哲学の准教授になってから、二年がたっていた。大学はタスカルーサという町にあった。「タスカルーサ」というのは、チョクトー族インディアンの言葉で、「黒い戦士」《ブラック・ワリアー》を意味する。町の中を広大なブラック・ワリアー川が流れている。タスカルーサはこの大学の（アメリカン）フットボールチーム、クリムソン・タイドでよく知られている。地元はこのチームを、単なる宗教的な情熱を超えるほど熱心に応援している。とはいえ、地元の人々は宗教にもどっぷりとつかっていたが。ただし、公平を期するために述べておくと、地元民は哲学に対してははるかに懐疑的だ。誰がこれを責めることができるだろう。いずれにしろ、タスカルーサでの生活はすばらしかった。生活を楽しみすぎていたぐらいだ。ところが、子ども時代にはイヌ、それもたいていはグレートデンのような大きなイヌといっしょに育ったので、イヌが欲しくなった。そこで、ある日の午後に「タスカルーサ・ニュース」の案内広告をじっくり読んだ。

アメリカ合衆国は、そう長くもない歴史の大部分、オオカミを組織的に抹殺する政策をとってきた。射撃、毒殺、罠など、必要とあれば手段を選ばなかった。その結果、隣接し合う四十八州には事実上、野生のオオカミはいなくなった。この政策が廃止されてから、ワイオミング、モンタナ、ミネソタの一部、五大湖のいくつかの島にオオカミが戻りはじめている。ミシガンの北岸近くのアイル・ロイヤルという島は、ナチュラリストのデヴィッド・メックによっておこなわれた画期的な調査のおかげで、もっとも有名な例だ。近年は、牧場主たちの声高な反対に屈することなく、アメリカでもっとも有名な国立公園、イエローストーンにもオオカミが再移入されている。

けれども、オオカミ個体群のこのような復活は、アラバマや南部全体にはまだ見られない。これらの地域には多数のコヨーテがいる。そして、若干のアメリカアカオオカミがルイジアナや東部テキサスの湿地帯にいる。といっても、これがどんなオオカミなのかははっきりしていない。昔いたオオカミとコヨーテが交配して生まれた動物だという可能性も十分にある。しかし、シンリンオオカミ、すなわちグレイ・ウルフとも呼ばれる（この呼び方は不正確だ。黒、白、茶色もいるのだから）タイリクオオカミは、南部の州では遠い過去の思い出となってしまった。

だから、新聞を読むわたしの目に、ある広告がとびこんできたときには、いささか驚いた。「九六パーセントのオオカミの子ども売ります」と書かれていたのだ。すぐに電話をかけると車にとび乗り、バーミンガムを目ざした。自分に何が待っているのか定かではないままに、北東方向に一時間ほど走った。そして、しばらく後には、それまで見ることはおろか、話に聞いたこともないほど大きなオオカミと目と目を合わせることになった。飼い主は家の裏手へと回って、動物たちが飼われている小屋と囲い地へと案内してくれた。足音を聞きつけると、ユーコンという名の雄オオカミは小屋のドアに跳びついた。ちょうどわたしたちがそこに着くのと同時に、まるで降ってわいたように姿を現したのだ。

ユーコンの姿は巨大で堂々としていた。立ち上がると、わたしよりもやや背が高いので、その顔と奇妙に黄色い目を見上げなければならなかった。けれども、いつまでも忘れられないのは、その足だ。オオカミの足がどれほど大きいかということに、人は気づかない。少なくとも、わたしは知らなかった。イヌよりもはるかに大きな足だ。ユーコンがやってきて、小屋のドアに跳びついたとき、わたしの目に最初に入ったのはその前足だった。わたしのこぶしよりもはるかに大きく、毛むくじゃらな野球のグローブのような両前足が今、ドアにかけられていた。

人々が決まってわたしに尋ねることがある。ユーコンとの出会いにかぎらず（この話はこれまで誰にもしたことはない）、そもそもオオカミを飼うということに関して人々がわたしに聞くのは、オオカミを恐いと思わないのかという質問だ。答えはもちろん、ノーだ。自分が人並みはずれた勇敢な人間だからだ、と思いたいところだが、そんな仮説は多数の反対証拠からすぐにくつがえされてしまう。たとえば、わたしは強いアルコール飲料を少々飲まなければ、飛行機にも乗れない。だから残念ながら、わたしが勇気ある人間だから、という説明は当てはまらない。ただし、イヌのそばにいると、とてもリラックスする。これは育ち方によるところが大きい。わたしはいささか機能障害のある家庭の、機能障害のある産物である。幸いなことに、この機能障害はわたしの知るかぎり、イヌとの付き合いに限定されていた。

二歳か三歳の幼児だった頃、わが家のラブラドールのブーツとゲームをよくしたものだ。ブーツが腹ばいになると、わたしはその背中にすわり、首輪につかまった。それから、父がブーツを呼ぶ。若い頃は稲妻のように身のこなしがすばやかったブーツは、一瞬のうちに跳びあがり、突進した。わたしの「課題」（ゲームの目的）は、ブーツの首輪につかまり、その背中に乗って「乗馬」をすることだった。だが、一度としてできなかった。まるで自分が食卓に並べられたコーヒー用食器セットになって、その下に敷かれたテーブルクロスを誰かが引きずり下ろしたような状態になったのだ。時には、このイヌの魔術師的テクニックはあまりに完璧で、わたしは一瞬前にブーツが横たわっていた地点に一人すわったまま、キョトンとあたりを見回すだけだった。けれども、たまにブーツがぞんざいに動くことがあり、そうなると、わたしは地面に頭からころげ落ちた。このゲームでは、どんな痛みも大したことにも思えず、また実際に大したことはなくて、わたしは歓声をあげて草から跳びあがると、もう一回やらせて、と頼むのだった。昨今、わたしたちは慢性的なリスク嫌いの世の中に生きており、親たちは、子どもが骨折するかもしれないと神経をとがらせるている。だから、こんな遊びは罰を受けずにすることはできない。誰かが児童福祉課か動物保護課に電話をするかもしれないし、その両方に電話をすることも考えられる。ところが、ある日父が、ブーツとこのゲームをするにはお前はもう大きくて重くなりすぎた、と言った。それを聞いて、思わず呪いの言葉をあげたのを今も覚えている。

ふり返ってみると、イヌに関してはわたしの家族、そして当然ながらわたし自身も、正常ではなかったと思える。わたしたちはしばしば、救済センターからグレートデンを連れてきた。中にはみごとなイヌもいたが、かなり精神病質なイヌもいた。毛色から、ブルーという空想力に欠けた名をもつ（名づけたのはわたしたちではない）グレートデンは、その好例である。両親がブルーを助け出したとき、ブルーはほぼ三歳だった。ブルーがなぜ動物救済センターに入れられたのかは、容易に理解できた。ブルーの趣味は、人間や他の動物に見境なく嚙みつくことだったのだ。だが、この言い方は公正ではないかもしれない。ブルーは見境なく嚙みついたわけではなく、言ってみれば、さまざまな特異性をもっていたのだ。特異性の一つは、自分がいる部屋からは誰一人出て行くのを許さない、というものだった。だから、一人でブルーといっしょに部屋にいることはできなかった。部屋から出るためには、ブルーの気をそらせる別の人間が必要だったからだ。もちろん、その別の人間もまた、自分が部屋を出るためには、ブルーの注意をそらしてくれるまた別の人が必要だった。このようにして、ブルーの生活の大車輪は回った。部屋を出て行くまえに、このイヌの注意を十分にそらすことができなかった者は、お尻に傷跡をもちつつ、人生の残りを生きなければならなかった。たとえば、わたしの兄弟、ジョンのように。

正常な家庭だったら、こんなイヌは片道切符で獣医のところに送ってしまうところだが、わたしの家族はブルーの特異性を受け入れようとした。これだけでも、わたしの家族の異常さは明らかだが、それだけではない。わたしの家族は、ブルーの個性であるこのかなり穏やかならぬ側面を、とてつもない快活さの源泉、それどころかとても楽しいゲームの対象と見なしたのだ。たいていの人間なら、ブルーのような累犯者は生命に危険な存在だと見なし、あらゆる点を考慮に入れれば、世界はブルーなしの方がうまくいくと考えるであろうし、それは正しい。けれども、わたしの家族はこのゲームを楽しんだ。家族全員が、ブルーの特異性のために傷を負ったはずだ。それもお尻だけではなかっただろう。ブルーには他の特異性もあったのだから。わたしだけが負傷を免れたのは、ブルーが登場したときには、すでに大学のために家を出ていたからだ。けれども、わたしの家族では、こうした負傷が同情や心配の的になったわけではなく、からかわれたり、やんわりと嘲笑される機会となった。

周知のように、狂気は遺伝するから、わたしもこれを免れることはできなかった。数年前、フランスのある村で、隣に住んでいたドゴ・アルヘンティーノ〔闘犬の品種〕のメスと毎日のように遊んだ。ドゴ・アルヘンティーノはピットブルテリアを拡大したような、大きくて力強い白いイヌで、現在、大英帝国では、危険なイヌとして飼育が法的に禁止されている。子犬のころ、この雌ドゴ・アルヘンティーノはわたしを見ると、すぐに興奮して庭のフェンスまで走ってきて、撫でてもらおうとジャンプした。おとなへと成長する間も、この行動を続けた。けれども、ある時点で、わたしに噛みつくのも悪くないと判断したらしい。

ドゴ・アルヘンティーノはたしかに大きくて強いイヌだが、わたしにとって幸いなことに、動作がすばやくはない。それに、とくべつ利口なわけでもない。この雌ドゴが頭の中で、わたしに噛みつけるか、そして噛みついた後に何が起こるかを思案していることは、はっきり見てとれた。毎日、わたしたちは同じゲームをした。わたしが通り過ぎるときに雌ドゴはフェンスに跳びつき、わたしがその頭を撫でてやると、数秒間それを楽しみ、わたしの手を鼻でくんくんと押しながら、ほがらかに尾をふるのだった。けれども、それから体を硬直させ、口を突き出して、わたしの手に噛みつこうとした。といっても、本気で噛みつこうとしたわけではないらしい。わたしに好感をもっていたのだが、わたしが連れているイヌが理由で、わたしに噛みつく義務を感じていたのだ（後述するように、この雌ドゴがわたしのイヌを嫌う理由は十分にあった。とくに雌イヌの一頭に対しては）。ギリギリの瞬間に、わたしは手を引っこめた。雌ドゴのあごは空を噛み、わたしは雌ドゴに、明日はうまくいくようにと励ましつつ、別れを告げるのだった。わたしがこのイヌを苦しめていたとは思いたくない。これは単なるゲームだったし、相手がいつになったら噛みつこうとするのをやめるのか、知りたくてたまらなかったのだ。だが、雌ドゴがやめることはなかった。

いずれにしろ、わたしはイヌを恐れたことはない。そしてこの姿勢は自ずとオオカミにも転用された。わたしはユーコンに対して、未知のグレートデンに出会ったときのようにあいさつした。リラックスし、友好的ではありながらも、一定の掟には配慮したのだ。ユーコンはブルーやこの雌ドゴ・アルヘンティーノとはまったく違っていた。善良なオオカミで、自信があり、オープンだった。もちろん、最上の動物でも、誤解が起こることはある。イヌが人間に噛みつくのはふつう（これはオオカミにも当てはまると思う）、人間の手がイヌの視界から消えた場合だ。人がイヌの後頭部やえり首を撫でると、イヌはその手を見ることができなくなり、イライラし、攻撃されるのを恐れて嚙みつくのだ。これは恐れの嚙みつきで、嚙みつきの中でもっとも普通に見られる。それで、わたしはユーコンが手をクンクン嗅ぐのにまかせ、わたしに慣れるまで喉元や胸をなでた。こうして、わたしたちは大の仲良しになった。

ブレニンの母親であるシトカ（この名前はトウヒの一種であるシトカトウヒからくると思われる）はユーコンと同じくらい背が高かったが、四肢が長く、ユーコンのようながっしりした体にはほど遠かった。このすらりとした姿のために、いかにもオオカミらしく見えた。少なくとも、わたしがそれまで見たことのあるオオカミの絵によく似ていた。オオカミには多くの亜種がある。シトカはアラスカ産のツンドラオオカミで、ユーコンはカナダ北西部産のマッケンジー渓谷オオカミだという。二頭の身体的な特徴の違いは、それぞれが属する亜種の差を反映しているのだ。

シトカは、足元で走り回る六匹の小熊ちゃんたちに構うのが忙しくて、わたしに注意を向けることはあまりなかった。子どもたちは小熊ちゃんと呼ぶのがぴったりだった。体が丸っこくてやわらかく、毛むくじゃらで、鋭く角ばったところは一つもなかった。毛の色は灰色か茶色で、雌と雄がそれぞれ三匹ずつだった。わたしの計画では、まずはオオカミの子どもたちをただ見るだけで、いったん家に帰り、オオカミを飼うことの責任を自分に課すことができるかどうか、慎重かつ冷静に検討するつもりだった。ところが、この子たちを見た瞬間、その一匹を連れ帰る、それもこの日の内に連れ帰ることを決心してしまった。大急ぎで小切手帳を取り出したが、飼い主に小切手ではなく現金でと言われた。それで、これ以上ないほどのスピードで最寄のＡＴＭへと車を走らせて、現金をそろえた。

子オオカミを選び出すのは、思っていたよりも簡単だった。まず、何よりも雄が欲しかった。三匹の中で一番大きな雄（雌雄合わせても一番大きかった）は灰色で、父親似になるのは確かだった。イヌのことはよく知っていたから、この雄が問題を起こすことは見てとれた。恐れをまったく知らず、エネルギッシュで、兄弟姉妹を支配しているこの雄は、アルファ雄オオカミとなる運命にあり、相当のコントロールが必要になるだろう。ブルーの姿が心に浮かんだ。これはわたしが飼う最初のオオカミなのだから、ここのところは用心に越したことはない。ということで、子どもの中で二番目に大きな茶色の雄を選んだ。ちょっとライオンの子を思わせる色のトーンだ。それで、王を意味するウェールズ語、ブレニンという名前をつけた。もしブレニンが、自分がネコ科動物にちなんで名づけられたことを知ったら、屈辱的に感じたに違いない。

ただし、ブレニンはいささかもネコには似ていなかった。どちらかと言えば、テレビで見た、アラスカのデナリ国立公園で母親について歩くグリズリー〔アメリカヒグマ〕の子どものようだった。当時、生後六ヶ月のブレニンの毛は、背側は茶色の地に黒い斑点をもち、腹側のクリーム色は尾の先から鼻づらの下までつづいていた。そして、クマの子のようにずんぐりしていて、足は大きく、四肢は骨太で、頭も大きかった。ほとんど蜂蜜色に近い濃い黄色の目は、一生のあいだ変わることはなかった。ブレニンは「親しみ深かった」とは言えない。いずれにしろ、子犬のような親しみ深さはなかった。どんな空想をもってしても、熱狂的、情熱的、歓喜という言葉は当てはまらない。むしろ逆で、ブレニンの行動の大きな特徴は、誰に対しても懐疑的である点だ。これも一生を通じて変わらなかった。ただし、わたしに対してだけは例外だったが。

おかしなことに、ブレニン、ユーコン、シトカにまつわるこれらすべてのことを、今も覚えている。ブレニンを持ち上げて、その黄色のオオカミの目に見入ったこと。子どもらしいやわらかな毛を両手ではさんだときの感触。ユーコンが後ろ足で立ち上がり、その大きな前足を小屋の戸にかけて、わたしを見下ろした様子。ブレニンの兄弟姉妹たちが、囲い地の中をかけ回り、重なるようにしてころげ回り、ほがらかにジャンプする光景。みんな覚えている。けれども、ブレニンを売ってくれた男性のことは、記憶からほとんどすっかり消えてしまった。

何かがすでに始まっていた。その後、年月がたつうちにますますはっきりしてくることになる、あるプロセスが始まっていた。わたしはもう、他の人間のことなど意識から排除し始めていたのだ。オオカミを飼う人は、イヌとは比べものにならないほど生活の多くを費やさなければならない。そして、人間との付き合いはだんだんに重要ではなくなる。わたしはブレニンとその父母、兄弟のことを今でも詳しく覚えている。どんな姿だったのか、触れたときの感触、何をしていたか、どんな音をたてたか。それどころか、オオカミたちの臭いも思い出すことができる。これらのディテールがその快活さ、複雑さ、豪華さ、美しさとともに、今でも当時と同じようにはっきりと心に浮かぶ。ところが、オオカミの所有者であった男のことは今ではただの輪郭、エッセンスしか思い出せない。彼が話したことは覚えている（少なくとも、覚えているように思う）のだが、彼自身のことは思い出せないのだ。

彼はアラスカ出身で、養殖用に一つがいのオオカミを連れてきた。といっても、純血のオオカミを買ったり、売ったり、所有することは違法である。これが州の法律なのか、連邦の法律なのかは知らないが。オオカミとイヌのミックスの売買や飼育は許されており、オオカミ対イヌの血の比率は九六パーセントまで許可されている。この男性は、彼のオオカミたちが本当は純血であって、ミックスではないと保証した。つい数時間前には、オオカミとイヌの雑種を買う可能性すら考えなかったわたしには、そんなことはどうでもよかった。ＡＴＭで下ろしてきた五百ドルを払うと、口座はほぼ空になった。その日の午後の内にブレニンを自宅に連れ帰った。そして家に着くと、わたしたちは共同生活の条件を練り出す作業を始めた。

3

ブレニンの最初の破壊活動は十五分ほど続いた。それが終わると、深い鬱状態に入った。わたしの仕事机の下に隠れてしまい、そこから出ようとも、食べようともしなかった。こうした状態が二日ほど続いた。ブレニンは兄弟姉妹を恋しがっているのだと思った。ブレニンがかわいそうで、良心がとがめた。ブレニンのために一頭の兄弟か姉妹を買うことができたら、と思ったが、なにしろ金がなかった。

それでも、二日後にはブレニンの気分は回復してきた。そして、わたしたちが結ぶ協定の第一のルールが明らかになった。実際、とても明白なことだった。それは、どんな状況下でもブレニンを決してひとりで家に残してはならない、ということだ。このルールを破ると、家にも家財道具にも恐ろしい結果をもたらした。カーテンと空調のパイプの運命などは、この点でのブレニンの真の能力とくらべれば、生やさしい警告でしかなかった。ルールを破ると、あらゆる家具とカーペットが破壊されることもあったし、カーペットが汚物まみれにされることもあった。オオカミはすぐに、とてもすぐに退屈する、ということをわたしは学んだ。三十秒間ひとりにされるのは長すぎるくらいなのだ。ブレニンは退屈すると、物を噛むか、物に尿をかけた。ある物を噛んでから、それに尿をかけることもあった。尿をかけた物を噛むこともごくたまにはあったが、これは興奮のあまり、物事の順序をごちゃごちゃにしてしまったからだと思う。いずれにしろ、どこに行くときにもブレニンを連れていかなければならないことだけは、明らかだった。

「あなたの行くところには、わたしも行く」というルールの「わたし」がオオカミだと、たいていの仕事に就くことはできなくなる。決してオオカミを飼ってはならないことの理由はたくさんあるが、これもその一つである。その点、わたしは幸運だった。まず第一に、大学の教員だったから、どうせ仕事場に頻繁に出かけなくてもよかった。第二に、もっと都合のよいことに、ブレニンが家に来たのは三ヶ月間の夏休み中だったから、仕事に行く必要などまったくなかった。おかげで、ブレニンの恐ろしい破壊欲をじっくりと知るだけの時間ができたし、ブレニンに、いっしょに大学に行かなければならないときの準備をさせることもできた。

オオカミを訓練することはできない、と言う人がいる。これはまったく間違った見方だ。実際にはあらゆる動物はかなりよく訓練できる。ただし、正しい方法を知っていればの話で、これこそがむずかしい点だ。オオカミの場合、間違った訓練をする道はいくつもあるが、わたしの知るかぎり、正しくおこなう道は一つしかない。これはイヌにもほとんど当てはまる。おそらく、一番ふつうに見られる誤りは、訓練はエゴとなんらかの関係があるという考え方だ。飼い主が、訓練は自分のイヌを順応へと強制する、意志の闘いの場だと考えるのだ。そもそも、誰かを「言いなりになるように」しなければならない、と言うとき、わたしたちが考えるのはまさにこのことだ。こうした種類の人が犯す誤りは、訓練をあまりに個人的なこと、自分のこととしてとらえる点にある。それで、イヌが従おうとしないと、飼い主は自分が侮辱されたと解釈する。自分の男らしさが傷つけられたと感じるのだ（このような見方をするのは、ふつうは男性であるから）。その結果、当然のごとく飼い主は意地悪くなるのである。イヌの訓練の最初のルールは、訓練を自分の人格とは関係がないと見なすことだ。そう見なすべきなのだ。訓練は意志の闘いではない。もし、そんなことを考えるなら、悲惨な結果になるだろう。大きくて攻撃的なイヌをこのような形で訓練するなら、さほどすばらしいイヌにならない可能性はとても高い。

これと正反対の誤りは、イヌを従順にするのは、支配ではなくて報酬で達成できるという考え方だ。報酬にはさまざまな形がある。イヌがとても簡単な課題をなしとげただけでも、憑かれたようにその口にご馳走をポンポン入れる人がいる。その結果は明白だ。イヌは太りかえり、ご馳走がもらえそうもなかったり、あるいはネコや他のイヌ、ジョギングしているひとなど、ご馳走よりもおもしろそうなものに気をとられると、飼い主の命令は聞かない。これよりももっとよく見られる「報酬」は、イヌとの際限のない、意味のないおしゃべりだ。「いい子だ！」、「なんておりこうなワンちゃん！」、「こっちへおいで」、「じっとして！」、「おまえ、本当に賢いなあ」などなど。こんなおしゃべりが、絶えず引き綱をちょっと引っ張りながらおこなわれる。メッセージを強調するつもりらしい。これではまさに、イヌを訓練しないための方法だ。苦労の多いオオカミの訓練ではひとかけらのチャンスもない。イヌとたえず話したり、いい加減に綱を引っぱっていると、イヌは飼い主をよく観察する必要がなくなる。実際、イヌは飼い主がしていることにちょっとでも注意を向ける理由がなくなる。飼い主が何をすべきかを教えてくれることも、好みしだいでこの情報に従ったり無視したりできることも知っているので、自分の好き放題にできるのだ。

褒美でイヌを従順にできると思い込んでいる人は、自分のイヌが基本的には「ご主人」の望むようにしたいのだ（この言葉をどれほど聞いただろう）、と信じている。イヌは常に飼い主を満足させようとしているのだから、飼い主はそれが何であるかをイヌに正確に説明する必要があるのだと。これはもちろんナンセンスである。あなたが他の人間に従いたくないのと同じように、あなたのイヌもあなたに従いたいとは思っていない。訓練で決め手となるのは、イヌにほかに選択の道はないのだ、ということを理解させることである。これは、イヌを意志の闘いにおける敗者にするためではなく、訓練に冷静で断固とした姿勢を込めるためである。意志の闘いの場合、飼い主はオオカミに、「おまえはわたしが命令することをしなければいけない。わたしがほかの選択の道を許さないのだから」と言う。一方、オオカミを訓練するときの姿勢は、「おまえは状況が要求していることをしなければいけない。状況がほかの選択の道を許さないのだから。おまえはわたしに従うのではなくて、世界全体に従うのだ」である。これは、オオカミにはあまり慰めにはならないかもしれない。けれども、訓練する者に適切な役割を与えるのに役立つのは確かだ。何としてでも自分に従わせたがる支配的で専横的な権威としてではなく、世界が何を要求しているかをオオカミに理解させる教育者としての役割だ。あらゆるイヌの訓練方法の中で、この姿勢を一種の芸術の形までに高めたのは、ケーラー・メソッドである。

子ども時代、五、六歳の頃だったろうか、土曜日の午前中によく友だちと映画を観に行った。母から十ペンスをもらい、町まで二、三キロを歩いた。映画館の入場券に五ペンスを払い、三・五ペンスでマック・コーラを買った。驚くべきことに、このコーラはマクドナルド社の商品ではなく（当時はまだマクドナルドはウェールズに進出していなかった）、マック・フィッシャーズという魚を売る企業から売り出されていた。当時観た映画で今も覚えているのは一つだけで、それも一つのシーンだけだ。「スイスのロビンソン一家」という映画で、一頭のトラのありがたくない「言い寄り」を、一家の二頭のグレートデンが退けるというシーンである。このシーンに大いに感銘を受けたのは、自分がグレートデンといっしょに育ったからなのは確かだ。このシーンは、動物訓練士のウィリアム・ケーラーの仕事である。六歳のときには、まさか自分が二十年後に、オオカミの訓練にケーラーの方法を使うようになろうとは夢にも思わなかった。もし知っていたら、歓喜したに違いない。

ケーラー・メソッドにたどりついたのは、わたしの人生のあちこちで起こる幸運な偶然の一つからだった。二、三ヶ月前にアラバマ大学の図書館で、ヴィッキー・ハーンの書いた『アダムの仕事』(Vicki Hearne: Adam's Task)という本に出会った。著者の女性はプロの動物訓練士で、自分の職業を哲学へのアマチュア的な興味と結びつけていた。こういうことをする人は少ない。といっても、彼女は哲学者としてよりも、動物訓練士としての方がすぐれていると言える。彼女の哲学はおもに、オーストリアの哲学者、ルートヴィヒ・ヴィトゲンシュタインが発展させた言語哲学の、いささか混乱したヴァージョンから成り立っているようだった。それでも、彼女の本はおもしろかったし、示唆に満ちていた。彼女の言語哲学は混乱しているが、ウィリアム・ケーラーが他をはるかに凌ぐ最高のイヌ訓練士である点だけは、明解に説明していた。だから、ブレニンがわたしの生活に登場したとき、誰を参考にしたらよいか、すぐに思いついた。哲学的な連帯心からだけでも、この本に従ったのだ。

ここだけの話だが、ケーラーはいささか精神病質の傾向があった。それに彼の訓練方法は時には行き過ぎの面があり、これには従いたくはなかった。たとえば、庭にくり返し穴を掘るイヌがいたら、穴に水を入れてイヌの頭を水に突っ込むよう、ケーラーは指示している。しかも、信じられないことに、イヌがもう穴を掘らなくなったかどうかには無関係に、その後の五日間もこれをくり返せと言う。穴に対する嫌悪感をもたせるためだ。この方法は実証済みの行動主義的な原則にもとづいているし、たぶん効果的なのだろう。イラクのアブグレイブ刑務所で、アメリカ軍が反乱軍兵士や何人かの運の悪い見物人の拷問に使った方法も、このようなものなのだと思われる（ただし、ケーラーの本にはイヌの水責めとは書かれていないが、おそらくケーラーは、そうしても反対は唱えなかっただろう）。

ケーラーの助言は、ブレニンが穴掘りに夢中になった時期には役に立ったことだろう。これはほぼ四年も続き、その間わたしの庭（実は一つだけではない）はソンム川〔フランスの川。二つの大戦の戦場となった〕のようになった。けれども、わたしはこの助言に従う気にはなれなかった。ブレニンを庭よりもずっと愛していたからだ。それに、塹壕戦場のような庭の景観はそれなりの魅力があって、だんだん愛着を感じるようにもなっていたのだ。

このような行き過ぎを別にすれば、ケーラー・メソッドは総じて、とても単純で効果的な原則にもとづいている。すなわち、イヌやオオカミに、飼い主を観察するように強いなければいけない、という原則だ。ブレニンの訓練の決め手は（ケーラーがこの点で正しいことに、わたしは深く感謝している）、ブレニンがわたしを観察するように、冷静かつ容赦なく強いることなのだ。飼い主がしていることを見させ、飼い主に見習うようにさせることは、あらゆる訓練の基礎なのである。これはイヌでもオオカミでも同じだが、とくにオオカミでは重要である。そして、オオカミにそうさせることはイヌよりもむずかしい。イヌは自然に飼い主を見習うが、オオカミには、こうするようにと説得しなければならない。その理由は、イヌとオオカミが異なる歴史的背景をもつことにある。

ここ数十年、イヌとオオカミのどちらが頭が良いか突きとめようと、多くの研究がなされてきた。わたしから見ると、これらの研究はどれもたった一つの回答しかもたらさなかった。「これら二つのどちらでもない」という答えだ。イヌとオオカミの知能は異なる。なぜなら、知能は異なった環境によってつくられ、異なった必要性や要求に対応しているからだ。一般的にはこう言える。オオカミは問題解決の課題でイヌよりすぐれ、イヌは訓練的な課題でオオカミよりすぐれていると。

問題解決の課題では、目的と手段の関係を理解しなければならない。たとえば、ミシガン・フリント大学の心理学教授ハリー・フランクは、檻から外の囲い地に出るためにドアの開け方を学んだオオカミについて、報告している。ドアを開けるためには、まずノブをドアに向かって押してから、回さなければならない。フランクの報告では、同じ施設に入れられたあるイヌ（アラスカマラミュート）は、六年間、毎日何回もこの開け方を見たのに、自分で開けることは一度もできなかった。ところが、マラミュートとオオカミのミックスは、二週間でこれができるようになった。ある雌オオカミは、このミックス犬が戸を開ける様子を一回見ただけで、この課題を達成した。おまけに、この雌オオカミは別のテクニックを使った。ミックス犬が鼻でノブを押したのに対し、雌オオカミは前足を使ったのだ。こうして見ると、雌オオカミは問題とその解決法を見抜いたのであって、ミックス犬の行動をそのまままねたわけではないと思われる。

さまざまなテストから、このような目的とそれに見合った手段を見つける課題では、オオカミがイヌよりはるかに勝っていることが確認されている。一方、イヌは、指示や訓練を必要とするようなテストではオオカミをしのぐ。たとえば、フラッシュが光るたびに右回りをするというテストでは、イヌは訓練できたが、オオカミにはできなかった。少なくともテスト時間中にはできなかった。

最初の事例では、解決すべき問題は機械的なものである。動物が望む目標は、外の囲い地へと出ることであり、この目標はただ一つの手段でしか達成できない。戸のノブを適切なやり方で、適切な順序で操作しなければならないのだ。一方、訓練テストでは、フラッシュの光と右回りとは、なんの機械的な関係もない。なぜ右回りで、左回りではないのか？　そもそも、なぜ旋回する必要があるのか？　フラッシュの光とそのあとに要求される行動を結びつける根拠はないのだから。

オオカミとイヌになぜこのような違いがあるのかは、容易に理解できる。オオカミは機械的な世界《メカニカル・ワールド》に生きている。たとえば、倒木が岩の上に不安定にのっていたら、オオカミはその下を通り抜けるのは名案ではないことを知っている。過去において、状況を見抜けなかったオオカミが慎重なオオカミよりも頻繁に、落ちてくる物に押しつぶされたからだ。その結果、倒木と岩、そして起こり得る危険の関係を見抜けなかったオオカミは、見抜けたオオカミほどには遺伝子を子孫に伝えることはできなくなった。このようにして、オオカミを取り巻く環境は、機械的な知能をもつオオカミを選択したのである。

これに対し、イヌは機械的な世界というよりも、魔法のような世界《マジカル・ワールド》に生きている。わたしは仕事で旅行をすると、自宅にいる妻、エンマに電話をかける。家で飼っている、ドイツシェパードとアラスカンマラミュートのミックスの雌イヌ、ニナは、わたしの声を聞くととても興奮して、吠えながら跳びまわる。エンマが受話器をニナの方に差し出すと、ニナは熱狂的に受話器をなめる。イヌは魔法とうまくやっていけるのだ。誰かが机の上のおかしな形の物をもち上げるたびに、何もないところから群れのアルファ雄の声が聞こえてくるなどと、誰が考えただろう。壁のスイッチを押すと、暗闇が明るい世界に変わるなどと、誰が考えただろう。イヌが身をおく世界は機械的な論理に従ってはいないのだ。それに、たとえ従ったとしても、イヌの能力ではその世界を制御できない。イヌは灯りのスイッチには届かない。電話をかけることもできない。錠に鍵を差し込んで回すこともできないのだ。

さて、気をつけないと、ここで読者に「体現化され、埋め込まれた認識」についての講義を始めてしまいそうだ。心は本質的には周囲の世界の中で体現化され、そこに埋め込まれている、という見方である。わたしが哲学分野でもっともよく知られているのは、この見解の創設者の一人としてかもしれない。精神活動は、頭の中でだけ起こるわけではない。脳のプロセス以上のものである。精神活動は世界の中でわたしたちがする活動をも含んでいる。とりわけ、周囲の重要な環境構造を操作、変換し、利用する活動を含んでいる。もう話が講義のまっただ中に入ってしまった。このような考え方の先覚者の一人は、ソ連の心理学者、レフ・ヴィゴツキーである。彼はアントン・ルリアとともに、記憶のプロセスと他の精神活動が、外部の情報保存装置の発展にともなってどれほど変化してきたかを示した。原始文化時代には、人は卓越した自然な記憶力をもっていた。だが、人間が記憶を保存するために、書かれた言語にますます頼るようになるにつれて、自然な記憶力はだんだんに枯渇してしまった。もちろん、進化のタイムスケールから見れば、書かれた言語の発展はかなり新しい現象である。それでも、これが記憶や他の精神プロセスに及ぼす影響は深刻である。

手短に言えば、イヌはオオカミとはまったく異なる環境に埋め込まれている。したがって、イヌの心理的な能力やプロセスの発達のしかたもまったく異なる。イヌはまず第一に、わたしたちに頼るように強いられている。それだけではない。認識の問題であれ、他のことであれ、自分のさまざまな問題を解決するために、人間を使う能力を発展させた。わたしたち人間は、イヌの精神の延長の一部なのだ。イヌは自分で解決できない機械的な問題に遭遇したときに、何をするだろうか。わたしたちに助けを求めるのだ。この文を書いているときにも、この原則の、簡単でとても生き生きした例が目の前にいる。ニナが庭に出たがっているのだ。ニナはドアを自分で開けられないので、ドアのそばに立ったまま、わたしの方を見ている。もしわたしがニナに気がつかなかったら、ニナは小声で吠えただろう。利口な女の子だ。オオカミを取り巻く環境の自然淘汰は、機械的な知能が発達するように働き、イヌの環境は、わたしたち人間を利用する能力が発達するように働いた。人間を利用するためには、イヌはわたしたちの心を見抜けなければならない。頭の良いイヌが、自分で解決できない問題に遭遇したときに最初にするのは、飼い主を見ることである。魔法のような世界に適応したイヌにとっては、これは自明である。だが、オオカミはそんなことはしないだろう。オオカミを訓練するための決め手は、まさしくこれをさせることにあるのだ。

5

もちろん、こういったことはすべて後になって考えた合理的な説明だ。当時はこうしたことをまるで知らなかった。最初の本をこのテーマで発表したときには、ブレニンはすでに老オオカミになっていた。そして、いまだにわたしは、自分の見方を洗練させようとしている。それにしても面白いのは、何年もかかってやっと発展させることができた理論のおかげで、当時ブレニンの訓練に使った方法がなぜこうも効果的だったのかを理解できたことだ。訓練している間に無意識に正しい道へと導かれ、そのおかげでこの理論を編み出すことができたのだ、と思わずにはいられない。そうだとすれば、これもまた、先に述べた多くの幸運な偶然の一つなのかもしれない。

ケーラー・メソッドに従って、ブレニンの訓練は次のように始まった。まず、長さ五メートルほどの引き綱用のロープを用意した。それからブレニンといっしょに裏庭に出て、庭に三つのはっきり見える標識を立てた。長い木の杭を三本、地面に打ち込んだのだ。次に、ロープをブレニンのチョークチェーン〔引っ張ると首がしまるイヌのしつけ用チェーン〕に取り付けた。チョークチェーンが残酷だという他人の言葉にひるんではいけない。チョークチェーンは効果的な訓練には不可欠の道具である。これによって、イヌに何を要求しているかを、正確に伝えることができるのだ。ふつうの首輪では、訓練者から送られるメッセージがあまり正確には伝わらないので、訓練に時間がかかる。それからわたしは、無作為に一本の標識から別のそれへと、あちこち勝手に歩いた。このとき、いかにも無関心をよそおい、ブレニンの方は見ず、ブレニンがいることすら気づかないふりをした。

成功へと導く、賢い訓練プログラムの重要な要素の一つは、常にイヌの身になって考えることである。とても愉快な皮肉だと思うのは、いまだに一部の哲学者が、動物に心があるのかと疑っていることだ。動物が考えたり、信じたり、結論を導いたり、それどころか感情をもつことができることすら、疑っているのだ。そういう人は、しばらく本に鼻を突っ込むのはやめて、イヌを訓練してみるといい。訓練プログラムは常に、人が予想もしなかったようなことを投げかけるだろう。イヌはなすべきことをしない。そして、本にはその答えが見つからない。ケーラーの本のように、深く、広範に書かれている本にすら見つからない。そのような状況では、イヌの身になって考えてみるほか道はない。それができるなら、ふつうは解決の道が見つかる。

読者にはブレニンの身になって想像していただきたい。彼がある方向へとわたしから離れようとしても、五メートル進んだところで、とつぜん引き戻されてしまう。ブレニンが走る方向と、わたしが歩いている方向とが違えば、この効果はもっと強くなる。すぐに、かなりすぐにブレニンは、この不快を避けるには、わたしがどの方向に歩こうとしているのかを観察しなければならないことを理解する。最初は、引き綱の長さギリギリまで離れたところから、わたしを見ている。けれども、こうするとわたしが急に向きを変えて歩いたときに、不快な目に合う。そしてもちろん、わたしはそうする。だから、ブレニンはわたしに近寄る。今やわたしの少し前、わたしの動きを視界の隅で追えるぐらいは離れたところを歩く。これはとても典型的な歩き方のようだ。そこで、わたしは急に向きを変えてブレニンに近づき、そのあばら骨をひざで突いて（怒ってではなくて、なにげなく）、この行動を修正する。それ以後は、ブレニンはわたしの後ろを歩く。お利口な坊やだ。これを修正するために、今度はわたしは急に立ち止まり、二、三歩あと戻りをして、できればブレニンの前足を踏んづける。そうなると、当然ながらブレニンはできるだけわたしから離れて歩く。だが、これではまたしても、綱の長さギリギリまで離れることになり、わたしが急に向きを変えると痛い目に合う。こうして、わたしたちは開始点にまた戻る。これらすべては沈黙の中で、感情を混じえずに進行する。ケーラー・メソッドはこのように冷静で容赦のない顔をもっている。オオカミが誤りを犯すのは、飼い主に対する個人的な反感ではないから、飼い主はオオカミに対して決して感情を爆発させてはならない。すぐに、ブレニンはわたしと協調しないためのあらゆる可能な方法を使い果たした。もう、協調するしかなくなったのだ。こうして、ブレニンはわたしの足元を歩くようになった。

オオカミに綱をつけて歩くことは無理だと言う人がいる。オオカミを飼っている人からもそう言われた。このような人々はふつう、自分のオオカミ、オオカミとイヌのミックス、あるいはイヌを、裏庭に閉じ込めたままにしている。わたしから見れば、これは犯罪であり、こういう人は禁固刑に処すべきだ（それにこの罰は、こうした人々にオオカミの身になって考えさせるのに役立つだろう）。ちなみに、ブレニンに綱をつけて歩かせるのに、二分しかかからなかった。オオカミを飼い主の足元で歩くように訓練することはできない、という人もいる。この訓練には十分しかかからなかった。

綱をつけて歩くことの基本をマスターした後は、綱なしで歩かせる訓練は驚くほど簡単だった。ブレニンにはもう、何が自分に課されているかがわかっていたからだ。最初はまだ綱がチョークチェーンについていたが、わたしはもう綱をもたなかった。これが成功してからは、わたしたちはもはや綱なしで歩くようになった。この場合、投げチェーンが不可欠になる。これはブレニンに使ったチョークチェーンより小さなチェーンで、もともとは小型犬用のチョークチェーンである。ブレニンがわたしの足元から離れようとすると、わたしはまず、このチェーンでジャラジャラという音をたて、それからブレニンに向かって投げた。チェーンが当たると、痛みは鋭いが、すぐに散る。それに、もちろん後遺症はない。どうしてこんなことを知っているかって？　ケーラー・プログラムのこの部分については慎重を期するために、友だちに頼んで、何回か自分に向かってこれを投げつけてもらったのだ。ブレニンはすぐに、チェーンのジャラジャラ音とそれに続くいやな経験とを連想するようになり、わたしはチェーンを投げないですむようになった。こうして、ブレニンが綱なしでもわたしについて歩くようになるまでに、四日（一日につき三〇分のセッション二回）しかかからなかった。

わたしはブレニンに、彼が学ぶべきだと思ったことだけを教えた。ブレニンに芸を仕込むなどというのは、あまり意味があるとは思えなかった。ブレニンが回転運動をしたくないのなら、それを強制する必要があるだろうか？「おすわり」すら命じなかった。すわるか立ったままでいるかは、わたしから見れば、彼の個人的な決断に思えたからだ。わたしの足元を歩くことは、すぐにブレニンの標準的行動になった。それで、これ以外にブレニンが知るべきことは、次の四つだけになった。

出かけて行って、嗅ぎまわれ――「ゴー・オン！」

今いる場所にとどまれ――「ステイ！」

こっちにおいで――「ヒア！」

そして、もっとも大切なのは、

やめろ――「アウト！」

どの命令も、喉から唸るような声で発した。後には指をパチンと鳴らしたり、手による合図で命令する練習もした。夏の終わりまでには、ブレニンは言葉による基本言語と言葉によらない言語理解がかなりうまくなった。まだ完璧とまではいかなかったが、完璧に近づきつつあった。

わたしがいかにも自己満足しているように聞こえるのは、自分でも知っている。だが、この訓練は、ブレニンに与えた最上の贈り物である。わたしが人生で本当に達成できた、数少ないことの輝かしい例なのだ。イヌ、ましてやオオカミを訓練するなどというのは、動物の精神をくじけさせたり、永久におびえさせるようなもので、残酷であると思っている人がいる。けれども、精神をくじけさせるのとは大違いで、イヌやオオカミが自分に何が期待されているかを正確に知っていれば、自信が高まり、それによって、落ち着きを増す。フリードリヒ・ニーチェがかつて述べたように、自分自身を規律正しく制御できない者は、この使命を自分のために果たしてくれる者をすぐに見つける、というのは厳しい真実なのだ。ブレニンの場合、この使命を課せられたのはわたしだった。規律と自由の関係は深くて重要だ。規律は自由の対極にあるのではなくて、もっとも貴重な形の自由を可能にしてくれる。規律なしには自由はなく、あるのは放縦さだけだ。

その後、十年以上にわたる散歩の途中で、わたしたちはイヌ（しばしば、ハスキーとかアラスカマラミュートのように、姿がオオカミに似ているイヌ）を綱で引いている人に出会うことがあった。彼らは、綱をつけていないとイヌたちが遠くへ行ってしまって、二度と綱をつけられなかったり、それどころか二度と戻ってこない可能性もあるからだ、と言う。そうかもしれないが、これは避けられないことではない。後にアイルランドに住んだとき、わたしたちは毎日、ヒツジが群れなす野原を歩いたが、ブレニンには綱をつけなかった。最初の試みのときには、ちょっと心配になったことは認める。といっても、たぶんヒツジたちほどは心配しなかったけれど。わたしたちがいっしょに暮らした間、ブレニンを怒鳴りつける必要は一度もなかったし、一度としてブレニンをなぐったことはない。典型的な獲物たちが近くにいても、それを無視するようにオオカミを訓練できるなら、呼ばれたら戻るようにイヌを訓練することもできるはずだ。

後の章で詳しく述べるように、ブレニンはオオカミとしては例外的な生き方をした。わたしがブレニンを、仕事のためにどこにでも連れていくことができたからだ。もちろん、こうすることになった理由は、午前中わたしが講義に出かけている間、ブレニンが家にひとり残されたなら、家中のものをすべて壊してしまったはずだからである。それでも、ブレニンが裏庭に閉じ込められて忘れられてしまうのではなく、意味のある形でわたしといっしょに暮らすチャンスは、ブレニンがある言語を習得するかどうかにかかっていた。この言語は彼の生活に、もしこの言語がなかったら存在しなかったはずの、ある構造をもたらした。そして、この構造のおかげで彼の生活には、この構造なしでは存在しなかったはずの、多彩な可能性が開けた。ブレニンはある言語を学んだ。この言語は人間の世界、機械的というよりも魔法のような世界に暮らすブレニンに、自由をもたらしたのである。

6

前例のないような生活が、必ずしも良い生活だとはもちろん限らない。「どうして、こんなことができたのか」とか「どうして、動物を自然の環境から引きずり出して、まったく不自然な生活を送らせることができたのか」と聞かれることがあった。このような質問をする人間のタイプは、ほとんどいつも決まっていた。中流で、リベラルな知識人で、エコロジーに関心があり、一度もイヌを飼ったことがないか、イヌの飼育の知識がない人だ。それでも、疑問自体を問題にしないで、疑問を出した人を誹謗することは、哲学ではアド・ホミネムな〔論議ではなく論敵である個人に対してなされる〕誤った議論だとされる。疑問自体はもっともであり、それに対して答えを出さなければならない。

まず第一に、ブレニンは野生状態ではなく、飼育下で生まれたのであり、もし両親による必要なしつけを受けずに野外に放されたなら、すぐに死んでしまったであろう、と指摘できるかもしれない。だが、この回答はあまり説得力をもたない。金でブレニンを手に入れたことで、オオカミの飼育下での養殖をうながすシステム、オオカミたちが自然が意図したように生きるチャンスを奪ってしまうシステムを支援したのだから。そこで次に、「どのようにして、わたしは自分の行為を正当化できるか」という疑問が出る。

この疑問の背後には、おそらく次のような信仰がある。オオカミは狩りとか群れの他のメンバーとの付き合いといった自然な行動ができて初めて、本当に幸せな生活や充実した生活がおくれるのだという信仰だ。この主張は正しいように見えるが、実際にはもっと正確に検討しなければならない。まず、自然が何を意図したのかという、とてもやっかいな問題がある。自然はオオカミに対して、何を意図したのだろう。あるいは、人間に対しては何を意図したのだろう。さらに、こうも言える。そもそものような意味で、自然は何かを意図できるのだろう。進化論では、隠喩的に自然の意図と言うことがあるが、このような言い方は基本的には、生物がそれぞれ自分の遺伝子を広めるように、自然が「意図した」という意味である。自然の「意図」という考え方に合う唯一の具体的な意味は、遺伝の成功という概念にもとづいている。狩りや群れ生活は一部の動物、たとえばオオカミが、この根本的な生物の掟に従うために使う戦略だと考えることができる。しかし、オオカミだとて、さまざまな戦略を使うことができる。オオカミの歴史におけるどこかの時点で、これまで知られていない何らかの理由から、オオカミは人間の群れに加わってイヌになった。自然がどこまで意図をもてるかという程度に関しては、この出来事は、オオカミがオオカミのままでいるべきだ、というのと同じぐらい自然の意図の一部なのだ。

これは、わたしが哲学から学んだ便利なトリックだ。誰かがある主張をしたら、この主張がどのような前提条件にもとづいているかを見つけ出そうとする。たとえば誰かが、オオカミは狩りとか群れとの付き合いなどの自然な行動から離れない場合にだけ、幸せになれる、と主張したら、この主張が拠りどころにしている前提条件は何だろうと考えるのだ。たいていそこで行き当たるのは、人間の傲慢さの表れである。

かつてジャン・ポール・サルトルは人間を定義しようとして、人間にとってのみ、実存が本質に先立つと書いた。これが実存主義として知られた哲学運動の基本原理である。サルトルは、人間の本質は「自分自身のために存在する」ことである一方、人間以外のものは単に「それ自身のままで存在する」にすぎない、と主張した。サルトルのややこしい表現によると、「人間は自らのあり方を選べる」。つまり、人間は自分の人生をどう生きるかを、自分で選ばなければならないのであって、前もってあたえられた規則や原則（宗教的、倫理的、科学的な法則その他の規則や原則）に、どうすべきか教えてもらおうと頼ることはできないという。特定の原則、たとえば倫理、宗教の基準を採用するのは、こうした自らの選択の表れである。したがって、あなたが何をしようと、どのように生きようと、これは常に、究極的にはあなたの自由意志の表れなのである。サルトルは、人間は自由の刑を宣告されていると言った。

これとは反対に、人間以外のすべての事物は自由ではないとサルトルは述べる。他のすべてのもの、生き物すらも、あらかじめ定められていることしかできないというのだ。何千年にわたる進化がオオカミをして、群生活を営んで狩りをする動物にしたのなら、これだけがオオカミにとって現実的な生き方の形だというわけだ。オオカミは自らのあり方を選ぶことはできない。そのままのあり方でしか存在し得ないのだと。こうしてみると、先述の「あなたは、どうしてブレニンにそんなことができたのですか」という問いは、オオカミの本質はオオカミの実存に先立つ、という前提にもとづいていることになる。

サルトルが人間の自由に関して正しかったかどうかは、もちろん明らかではない。けれども、わたしがこの点で関心があるのは、存在の柔軟性の一般的な観念だ。なぜ人間が、人間だけが無数にさまざまな形で生きることができて、人間以外の生き物が生物学的な遺伝の奴隷、自然史の単なる召使となるように宣告されているのだろうか。この考え方の根底をなすのは、いまだに見られる人間の傲慢さ以外の何ものでもないのではなかろうか。

二年前、わたしはギャットウィック空港近くのホテルにあるビヤガーデンにすわっていた。翌日の早朝にアテネに向かって飛ぶ前の晩だった。一頭のキツネがやってきて、わたしの前、一メートルしか離れていないところでイヌのように腰をおろし、わたしが残飯のくずを投げてくれるのを忍耐強く待った。もちろん、わたしは投げてやった。ウェイトレスが言うには、彼（あるいは彼女）はいわばこのホテル（そしてほかのいくつかのホテル）の常連なのだそうだ。このキツネに教えてやるといい。彼にとって自然な行動であるネズミ狩りをしろと。彼の本質は実存に先立つのであって、わたしとは違って、自らのあり方を選ぶことはできないのだと教えてやるといい。

わたしたちが、キツネの自然な行動はネズミ狩りだけだと考えるなら、キツネを侮辱することになる。キツネの存在をサルトル風に、こうも限られたものと考えるなら、キツネの知能や創意の豊かさを過小評価することになる。歴史や運命の変動に合わせて常に変わっていくことは、キツネにとって自然である。だからこそ、キツネの実存も、そのときどきのキツネのあり方そのままなのである。

もちろん、自然史の力をただ無視してしまうわけにはいかない。キツネが毎日、檻の中にすわらなければならないとしたら、幸せでもなければ、生活が充実もしないだろう。オオカミでも同じだ。わたしにとっても同じだ。わたしたちはみな、進化に規定された一定の基本的な要求をもっている。それでも、オオカミやキツネが歴史と糸でむすばれた生物学的な操り人形だと考えるのは、誤った結論だ。彼らの本質は彼らの実存を狭めはするだろうが、固定や決定はしない。これはオオカミやキツネにも、わたしたちにも当てはまる。人生では、誰もが自分に与えられたカードでプレーをする。時にはカードはあまりにも悪くて、何もできないことがある。けれども、時にはカードはそう悪くはなくて、プレーの上手、へたで結果が決まる。キツネが受け取ったカードは、キツネの自然な生活空間に急速に都市が進出する、という印のカードだった。本当は、自然な生活空間という用語は、とっくの昔に本来の意味を失ってしまったが、わたしたちはこの用語が好きだ。わたしが出会ったキツネは、このカードでとてもうまくプレーしているようだった。テーブルからテーブルへと移り、しかも料理がのっているテーブルだけを選んで、必要な寄進が行われるまで、忍耐強くすわり続けていたのだから。

ブレニンも一定のカードを受け取っていた。これをブレニンはかなりうまく使ったように思える。そもそも、このカードは悪くなかった。オオカミや、オオカミとイヌのミックスの多くは、飼い主が扱い方を知らないために裏庭の檻の中で一生を終える。ブレニンもそうなっていたはずだが、わたしの家に暮らすことで、生活は変化に富んで(願わくば)刺激に満ちていた。わたしは、ブレニンが毎日一度は長い散歩をするように配慮したし、訓練のおかげで、綱をつけずにこれができた。状況が許せば、狩りとか、イヌ科の類縁動物との交流といった自然な行動にいそしむ機会を与えた。ブレニンを退屈させないようにと、最善をつくした。ただし、わたしが講義する間じゅう、ブレニンはすわっていなければならなかったが。オオカミが自然界ですることをブレニンができなかったという理由で、彼が幸せにはなれなかったと考えるのは、よくある人間の傲慢さの域をほとんど出ず、ブレニンの知能と柔軟性を見下すことになる。

ブレニンはとどのつまり、一万五千年前の祖先の足跡をたどっただけである。この祖先たちもまた、文明の呼びかけに答えて、大型サル類の中でももっとも力強くて残忍なサルとの、共生的かつ、おそらくは決して壊れることのない関係へと引きずりこまれた。遺伝的な成功の点では、現在、世界に生息するオオカミの数、約四十万頭と、イヌの数、約四億頭をくらべさえすれば、この戦略が啞然とするほど成功したことが一目でわかる。オオカミがこんなことをするのは不自然だと言う人は、何が自然であるかについて、とても表面的な理解しかもっていないことを暴露する。それに、野生オオカミの寿命がかなり短く（七年生きられれば長いと言える）、ふつうはあまりうれしくない死に方をする点を考えると、文明の呼びかけは純然たる災禍ではなかったのかもしれない。

ブレニンの訓練に使ったケーラー・メソッドがこれ以上は望めないほど成功したのは、この方法がイヌ、そしてイヌの野生の兄弟の実存的な本性に対応しているからだと思う。わたしがこの方法に含まれるいくつかの行き過ぎを、滑稽にも拒否したために、この点は見えにくいかもしれない。ケーラー・メソッドを使うことは、一種の信仰である。イヌやオオカミの本質が実存に先立たないことを信じる信仰だ。イヌやオオカミは人間以上でも人間以下でもないと信じるのだ。だから、イヌやオオカミに対して一種の敬意をもち、これを基礎にして、ある種の権利、倫理的な権利を与えなければならない。ケーラーの言う、「自分の行為がもたらす帰結への権利」である。

オオカミは、生物学的な遺伝の掟に盲目的に従う生身の操り人形ではない。いずれにしろ、人間以上に遺伝の掟に従うそれではない。オオカミは順応できる。無限にできるわけではないが、そもそも無限に順応できる者などいるだろうか。オオカミは人間に劣らず、自分に与えられたカードでゲームができる。しかも、人はこれを助けてやることすらできる。オオカミは切り札をうまく使えるようになると、ますます自信をもつ。学んだことが好きになり、もっと学びたくなる。こうして、オオカミはより力強くなり、より幸福になる。

　ブレニンは奴隷だろうか。彼の教育のパラメーターを設定したのはわたしで、それによって彼の将来の行為の輪郭を決めてしまった。だからブレニンは奴隷なのだ、と言えるのだろうか。わたしは「平凡な」総合学校に七年通い、その後の三年間、マンチェスター大学、さらに二年間オックスフォード大学で学んだ。受けた教育のパラメーターは他者によって設定されたわけだが、この事実のためにわたしは奴隷だと言えるだろうか。もし、ブレニンが奴隷なら、わたしもまた奴隷だ。けれども、それなら「奴隷」という言葉はどういう意味なのだろう。もし、誰もが奴隷なら、誰が主人なのだろう。もし、主人がいないのなら、誰が奴隷なのだろう。

　こういう議論の進め方は、わたしが思うほどは良くないのかもしれない。わたしの判断力は、ブレニンがわたしのためにしてくれたあらゆる事々によって、曇っているのかもしれない。イヌを手に入れた後、最初の頃の物珍しさが薄れると、裏庭にしまいこんでほとんど忘れてしまう人がいる。そうなると、イヌはただのやっかいな存在でしかない。餌と水をやらなければならないから、これが唯一のイヌとの付き合いになる。この仕事も退屈で、本当はしたくないのだが、義務感から、しかたなくするのだ。餌と水を定期的にやりさえすれば、自分はイヌの良い飼い主だと思っている人もいる。このように感じるのなら、なぜイヌを飼うのだろうか。イヌを飼うことで得られるのは、したくないことをしなければならないという、毎日のわずらわしさだけなのに、なぜ飼うのだろう。一方、イヌがあなたの家にいっしょに住み、あなたの生活にすっかり入り込んで、生活の一部になるなら、そこにあらゆる喜びが見出せるだろう。イヌを飼うということは、ほかのあらゆる関係と同じである。自分が相手に与える用意のあるもの、相手に許そうとするものだけが、相手から返ってくるのだ。これはオオカミにも言える。しかし、オオカミはイヌではなく、イヌにはない風変わりな習性をもつから、オオカミと親しくなるには、もっと努力をしなければならない。

7

ブレニンとわたしは十一年間、いつもぴったりいっしょにいた。住まいや仕事は変わり、住む国や大陸すら変わった。他の人間関係も、来ては去りがくり返された。たいていの人は去っていった。けれども、ブレニンだけはいつもわたしのそばにいた。家でも仕事でも余暇でもいっしょだった。毎朝、目覚めて最初に目に入るのはブレニンの姿だった。ブレニンがわたしを起こしたからだ。夜が明けると、ザラザラした舌がわたしの顔をなめ、肉の匂いがする息が吹きかかり、大きな姿が薄明かりに浮かび上がる。こういう起こされ方をするのは良い日だった。悪い日には、ブレニンはすでに庭で鳥を殺していて、この鳥をわたしの顔の上に落として、わたしを起こした(オオカミとの生活の第一規則——予期しないことが起こるということを予期するべし)。午前中にわたしが仕事をしている間、ブレニンは机の下に寝そべった。そして、死ぬまでのほとんど毎日、散歩やジョギングについてきた。午後、わたしが講義をする間も、教室について入った。晩になって、わたしが無数のジャック・ダニエルのビンを空けるときにも、いっしょにすわっていた。

ブレニンがいつもそばにいることが、嬉しかったというだけではない(もちろん、嬉しかったが)。自分がどう生きるべきか、どう行動すべきかということの多くは、この十一年間に学んだ。人生とその意義についてわたしが知っていることの多くは、ブレニンから学んだ。人間であるということは何なのか。これをオオカミから学んだのだ。ブレニンは、わたしの人生のあらゆる側面にあまりに包括的に入り込み、わたしたちの生活はあまりに境界なく、お互いにからみあったので、自分自身をブレニンとの関係で理解し、定義すらするようになった。

ペットの飼育は動物を自分の所有物にするということだから、よろしくない言う人がいる。技術的にはこれは正しいかもしれない。法的にはわたしはブレニンの所有者だと言えるかもしれない。ただし、ブレニンが生きていた期間の大半で、わたしは所有権を示す書類をもったことがなかったので、この点の事情を裁判所に証明できたかどうかは不明だ。いずれにしろ、ペット飼育に対する反対意見に納得がいったことはない。誤った推論にもとづいているからだ。すなわち、法的な意味で何かを所有している者は、その何かと所有以外の関係をもつことができないか、または少なくとも所有がその関係を支配する、という仮定である。だが、実際には、これを信じる理由はほとんどない。

ブレニンは基本的にはわたしの所有物ではなかったし、ペットですらなかった。ブレニンはわたしの兄弟だったのだ。ときには、そしていくつかの点では、ブレニンは弟で、わたしは彼の後見人だった。ブレニンが理解できなかった世界、そしてブレニンを信頼しなかった世界から、彼を守った。当時、わたしたちが今後何をしていくかについて、ブレニンが同意するかしないかに構わず、わたしはひとりで決めなければならなかったし、それを実行に移さなければならなかった。この点で、動物の権利運動に関わる友人たちの中には、わたしたちの力関係が不均衡だとクレームをつける人がいるだろう。ブレニンはわたしの決定に同意をすることができなかったのだから、事実上わたしの捕らわれ者となったのだと。しかし、この非難も説得力に欠ける。もし、わたしの弟がオオカミではなくて、人間だったと想像してみよう。弟が幼すぎて、世界が理解できず、自分が世界に対してする行為がどういう結果を生むかを理解できなかったら、わたしは彼をそのままほっておくわけにはいかなかったはずだ。
すでに述べたように、ケーラーは、イヌが自らの行為の帰結に対してもつ権利を支持している。わたしも賛成だ。といっても、この権利はもちろん、絶対的な権利ではない。これは哲学者が「一見したところの《プリーマ・ファツィエ》権利」と呼ぶもので、場合によっては無視されてしまうことがある。イヌがあなたの言うことを聞かないで、走ってくる車の前にとび出そうとしたら、イヌが自分の行為の結果に苦しむことになるのを、あなたはそのまま見過ごしはしないだろう。その逆で、そのような結果にならないように、できる限りのことをするだろう。わたしの弟が車の前にとび出そうとしたら、わたしも同じことをする。一定の常識と一般的な倫理の限界内でなら、つまり、それほど危険な、あるいは重大な結果を生まないのなら、わたしは、弟が自分の行為がもたらす結果に苦しんだり、喜ぶのをそのままにしておくだろう。これこそが、何かを学ぶ唯一の道だからだ。一方、状況しだいでは、たとえ弟が同意しなくても、最善をつくして彼を守るだろう。それによって弟がわたしの捕らわれの身になると言う人は、興奮のあまり、後見と監禁の区別をかたくなに無視しているように思える。

　人間（少なくとも品位のある人々）と、彼らと共に生活する動物との間の基本的な関係を理解しようとするとき、もっとも説得力があると思われるのは、所有ではなく、後見という概念である。といっても、ブレニンの場合には、これもぴったりとは当てはまらない。ブレニンはわたしが出会ったどのようなイヌとも決定的に異なるからだ。ブレニンがわたしにとって弟だったのは、一定の時期と一定の状況の下でだけだった。別のとき、別の状況では、わたしにとって兄だった。わたしが尊敬し、どうしても見習いたいと願う兄だ。後に詳しく書くように、ブレニンを見習うのは簡単な課題ではなく、ほんの少ししか達成できなかった。それでも、これを試み、励んだことが、わたしを鍛えた。その結果できあがったわたしという人間は、そうでなかった場合になっていたであろう人間よりも、すぐれていると確信している。兄にはこれ以上要求することはできない。

記憶にはいろいろな形がある。記憶というものを考えるとき、もっとも明らかなものに気を取られて、もっとも大切なものを見落としてしまう。鳥は羽ばたきによって飛ぶわけではない。羽ばたきは前方への推進力となるだけだ。実際の飛翔の原則は、翼の形、そしてそこから生じる、翼の上側と下側の気圧の差にある。わたしたち人間が初めて飛ぼうとしたときも、もっとも明らかなものに目がいって、もっとも大切なものを見落とした。だから、羽ばたく飛行機をつくってしまったのだ。思い出の理解も似たところがある。思い出が意識的な経験の集まりで、これによって過去の出来事やエピソードを呼び戻すことができると思っている。心理学者はこれをエピソード記憶と呼ぶ。

エピソード記憶は鳥の羽ばたきと同じで、いつも最初にわたしたちを裏切る。エピソード記憶は最上の状態でもあまり頼りにはならず（何十年もの心理学研究がこの結論を出した）、わたしたちの脳がゆっくりと、だが容赦なく、無力な状態へと落ちこみ始めるとき、最初に衰える。ちょうど鳥の羽ばたきが、遠くかなたでだんだんに消えるように。

けれども、もっと深くて、もっと重要な形の記憶もある。誰もそれに名前すらつけるに値するとは考えなかった形の記憶だ。あなたの上に書き残された過去の記憶、あなたの性格やその性格がもたらした人生の中に刻み込まれた過去の記憶だ。人は少なくともふつうは、このような記憶を意識しない。気づかないことすら多い。しかし、これらの記憶はほかの何よりもわたしたちを、わたしたちたらしめている。これらの記憶は、わたしたちが下す決定、わたしたちがなす行為、行為を通して営む生活の中に姿を現す。

消え去った者たちへの記憶は、わたしたちの生活の中に見られるのであって、根本的にはわたしたちの意識的な経験に見られるわけではない。わたしたちの意識は気まぐれで、思い出すという作業をするだけの価値はない。誰かを思い出すもっとも重要な方法は、その誰かによってつくられた（少なくとも部分的に）人物に自分がなり、その誰かの助けで形づくれた人生を歩むことだ。ただし、記憶に値しない者もいる。その場合には、生存に関わるもっとも重要な課題は、そのような者を自分の生活史から消し去ることだ。けれども、誰かが記憶に値するのなら、その人がつくり上げてくれた人物となり、その人の助けを借りてつくり出した生活を営むことは、その人を思い出すためだけではなく、その人に敬意を表するためでもある。

わたしはいつも、わたしの兄弟オオカミを思い出すだろう。

3 文明化されないオオカミ

1

八月の終わりにブレニンとわたしは、アラバマ大学へと向かった。ブレニンといっしょの授業がいよいよ始まるのだ。夏の間にブレニンはぐんぐんと成長し、たくましくなった。太っちょの小熊のようだった姿が、今では背が高くてすらりとし、角張った肢体となった。生後六ヶ月にもなっていないのに、肩の高さは七十六センチ、体重は三十六キロあった。体重を測るために、いやがるブレニンを持ち上げて、いっしょに浴室の体重計にのった。こんなことができる日も、もう終わりに近づいていた。ブレニンを持ち上げられないのではなくて、いっしょにのると、体重計の針を振り切ってしまうのだ。ブレニンの体色はこれまでどおりだった。茶色の地に黒い斑点があり、腹側はクリーム色だ。両親に似て、足がかんじきのように大きいので、いつも足がもつれてしまいそうな印象がした。といっても、実際にはもつれさせたことなどない。頭から鼻先まで、一本の黒い線が走っていた。この線を両側から囲む目は、いまだにアーモンド色で、いかにもオオカミらしく斜めにつりあがり、瞼は重々しくたれていた。

その当時、ブレニンは体にみなぎる力をほとんど抑えられないようだった。わたしはブレニンに「バッファロー・ボーイ」というあだ名をつけた。家の中をフルスピードで走り回り、床にネジで固定されていない物はすべて（固定された物の一部すらも）ひっくり返す癖があったからだ。夏の間、わたしたちが外出するときのプロセスは、だんだん儀式めいてきた。わたしが「さあ、行こう」と出発を告げる。この言葉はブレニンにとっては、妙技を実演するキューになった。これを聞くと、居間の壁で横とんぼ返りをうつのだ。助走してソファーの上に跳びのり、そのまま壁をかけのぼる。できるだけ高い位置まで到達すると、後ろ脚をあちこちスイングさせてから、壁をかけ降りる。わたしたちが家を出るときには、必ずこの妙技がくり返された。わたしが何か言う前に、ブレニンがもうこれを実演することもよくあった。「さあ、出かけよう。会わなければならない人がいるんだから」と告げようとしているかのようだった。こんな状態だったから、最初の授業に臨むために大学の門をくぐったときに、わたしがいささか震えたのは確かだ。

幸い、その日の午前中は無事にすんだ。大学に出かける前に長い散歩をして、ブレニンを疲れさせておいたので、教室に他の人間がいることに慣れた後は、教室の前にある机の下に横たわって、眠ってしまった。しばらくして、わたしが外的世界が存在することに対するデカルトの疑いの根拠を解説していると、ブレニンは目を覚まして、わたしのサンダルに突進した。これは、気ばらしとして誰からも歓迎されたにちがいない。

といっても、いつもこのようにスムースに事が運んだわけではない。ときには災難も起こった。二、三週間もすると、授業の真っ最中に、昼寝を終えたブレニンが遠吠えをするようになった。授業の進行のしかた全般についての不満を、知らせようとしたのかもしれない。学生たちをチラリと見ただけで、彼らにもブレニンの言わんとしていることがよく理解できている様子が確認できた。ブレニンはときどき脚のストレッチのために机の間を歩きながら、あたりを嗅ぎまわった。ある日はとくに勇敢になったのか、空腹だったらしく（あるいはその両方かもしれない）、哲学科の女子学生のリュックサックに頭を突っ込んだ。彼女はもともとイヌの扱いにはいささか神経質な傾向があった。数秒後にブレニンがリュックから顔を出したときには、この女子学生の弁当をくわえていた。今後も、腹を空かせた学生たちから損害賠償の訴えが相次ぐことが予想されたので、学期初めに学生たちにわたすシラバスに、条項を一つ加えざるを得なくなった。こんな文章は、哲学のシラバスでは過去に一度も登場したことがないに違いない。教材に使われる本と評価方法についての説明のすぐ後に、次のような三つの文が続いた。

注意事項　オオカミを無視してください。オオカミはあなたがたに何もしません。ただし、バッグの中に食物がある場合には、必ずバッグをしっかり締めてください。

ふり返ってみれば、苦情や、それどころか告訴が一度も出されなかったのは、奇跡のように思える。

午後になると、わたしは教員の仮面を学生の仮面に取り替えた。アラバマに移ってきたのは、まだ二十四歳のとき、つまり多くの学生たちよりも若いときだった。オックスフォード大学で約十八ヶ月という、異例の速さで博士課程を修了したからだ。といっても、アメリカ合衆国ではシステムがまったく異なる。アメリカで博士号を取得するには、最低五年間は苦労しなければならない。しかも、博士課程に進む前の学士課程の修了に四年以上かかる（イギリスでは三年）ので、アメリカ人はたいてい三十歳すぎてから大学の教育・研究職につく。これは、わたしから見ればかなりの年齢だ。いずれにしろ、同僚の半数はわたしよりも年上だったので、友だちは同僚よりもむしろ学生たちの間に求めた。これは悪くなかった。学生の方がはるかに生活を楽しんでいたからだ。

アラバマに行ってからの友だちづくりには、それまでに実証済みの戦略に頼ることにした。チームスポーツである。わたしはイギリスでかなりレベルの高いラグビーをしていた。アメリカのたいていの大学と同じく、アラバマ大学にもラグビーチームがあった。地域のレベルにしては、とてもすぐれたチームだ。USAラグビー・フットボール・ユニオンは、適正検査が厳しくないので（つまりは、検査がない）、わたしは自称学生としてチームでプレーすることができた。チームに入って二年後にブレニンが登場してからは、もちろん彼をトレーニングに連れていった。こうして、わたしたちはたいてい平日の午後は、大学の広大なスポーツ施設の端にあるブリス・フィールドで過ごした。

週末には、このホームグラウンドまたは他チームのグラウンドで、他大学との試合があった。ブレニンはどの遠征試合にもついてきた。もちろん、ホテルはほとんど例外なくイヌに敵対的である。オオカミでは言わずもがなだ。それでも、ブレニンをモーテルにこっそり入れるのはたやすかった。モーテルでは自分の部屋の前に駐車するからだ。モーテルの事務室から誰かが駐車場の方を見ないかぎり、オオカミを連れ込むところをたいていは見つからずにすんだ。こうして、アラバマ、ジョージア、フロリダ、ルイジアナ、サウス・カロライナ、テネシーの大きなキャンパスで、ブレニンが経験しなかったラグビーの試合や試合後のパーティーは、ほとんどなくなった。九月初めのさわやかな晩には、ニューオーリンズのバーボン・ストリートでイカを食べた。春休みにはデイトナ・ビーチに出かけた。ベイトン・ルージュには、ブレニンが知りつくしていた学生寮がある。アトランタの西郊外には、ブレニンがしばしば姿を見せた、うらぶれたストリップクラブがある。すべての試合が夜に行われるためにミッドナイト・セヴンズ・ラグビートーナメントと呼ばれるトーナメントのために、ブレニンはラスヴェガスにまで出かけた。

ラグビー選手たちはすぐに、自分たちにとってとても重要な事実に気がついた。ブレニンは「チック・マグネット」〔女の子を引き寄せる磁石〕なのだ。ただし、実際にはこれとはやや異なった表現、もっとどぎつくて、ここでは書けないような言葉だったが。なんと呼ぼうと、カレッジのラグビーパーティーで大きなオオカミの隣に立っていると、すぐに魅力的な異性（「ラガー・ハッガー」と呼ばれた）が近づいて、「あなたのイヌ、すてき（原文のママ！）」と言う。こうして、ふつうなら必要なはずのやっかいなナンパなしに、チャンスが開ける。だから、ブレニンのそばにいることは、その日の試合でもっとも貢献した選手、われわれの間でMVPと呼ばれる選手へのご褒美となった。この競争にはわたしは入れてもらえなかった。ふだん、いつでもこういう目的にブレニンを使えるのだから、という理由からである。

学期中はほとんど一週間おきに、週末にこうした遠征試合に出かけた。金曜日の午後に出発して、時には一五〇〇キロメートルにも及ぶ距離を移動し、ラグビーをしてから、したたかに酔っ払い、どこかの安いモーテルで眠り、日曜の午後に戻るのだ。帰りもまだ酔っ払っていることが多かったし、いつもクタクタだったが、とても幸せだった。遠征試合のない週末には、ホームグラウンドで試合があった。このときも、車での移動を除いては、同じような成り行きになった。バッファロー・ボーイとわたしの最初の四年間の暮らしは、ほぼこのようなものだった。

2

オオカミも遊ぶが、イヌのようには遊ばない。イヌはオオカミとくらべれば、子犬のようなものだ。イヌの遊びは、一万五千年かかって飼養された小児的行動の表れである。棒切れを投げてやると、イヌならほとんど必ず興奮して、棒切れ目がけて一目散に走っていく。わたしが飼っていたドイツシェパードとマラミュートの雌のミックス、ニナはとても頭が良かったが、棒切れには目がなく、棒切れ目がけて走る遊びを倒れるまで続けた。ブレニンにも棒切れやボールやフリスビーを追いかけることの楽しさを教えようと、何度も試したが、ブレニンはわたしが気がふれたのかと思ったかのように、こちらを見るばかりだった。その表情からは、彼が言いたいことがはっきり読み取れた。「棒切れを拾ってこいだって？　本気かい？　そんなに棒切れがほしいなら、自分で取ってくれば？　そもそもね、そんなに棒切れがほしいのなら、なんで投げ飛ばしたりしたんだい？」

オオカミが遊ぶのを目にして、通りがかりの人はしばしば不安になる。オオカミがしていることを、真剣勝負と区別できないのだ。それがわかったのは、何年も後、ブレニンが彼の娘であるテスや先述のニナと遊ぶ様子を見たときだ。テスとニナは棒切れ追いが好きなのはイヌ並だったが、それ以外では、ブレニンによってオオカミへと育て上げられていた。そのため、それまでわたしにはごく自然に見えていたことが、端で見ている人々には大騒ぎを引き起こした。ブレニンにとっての遊びとは、他の動物の首をくわえて、地面に押さえつける行為だった。それから、相手をまるでぬいぐるみ人形のように激しくあちこち振り回した。そして、こうした行為の間じゅう、ゴロゴロ、フーフーと唸って、不協和音を発した。次に、相手が身をふりほどくのを許し、今度は自分に同じことをさせた。これは遊びである。オオカミがなぜこれほど荒々しい遊びをするのかは知らないが、オオカミはこうやって遊ぶのだ。ゴロゴロ、フーフーいう唸り声は、相手に自分がまだ遊んでいることを知らせるメカニズムの一つだ。遊びでする行為が闘争行為ととても似ているので、知らせないと誤解されてしまうのである。わたし自身も発見したことだが、オオカミが真剣に闘うときは、まったく声を出さず、不気味なほど静かだ。

もちろん、これらすべてのことをオオカミは知っているが、イヌがいつも知っているわけではない。それでブレニンが若い頃、他のイヌと遊ぼうとすると、たいていは悲惨な結果になった。他のイヌはブレニンを攻撃するか、恐怖で金切り声を上げたのだ。哀れなブレニンは、どちらの反応にもまごついたようだ。それでも、ブレニンをすっかり「参らせた」イヌがいた。ラガーという名の、大きくて妥協を知らないピットブルだ。ラガーは荒々しい遊びが好きだった。

ラガーはピットブルとしては体が大きく、体重が四十三キロもあった。飼い主も人間としては大きかった。この男性、マットはチームでフォワードのセカンドロー選手の一人だった。ピットブルは評判が悪いが、生まれつき悪いイヌというわけではない。ふつうは、飼い主が悪くしてしまうのだ。わたしたち人間は、人はみんなそれぞれ違う、と言いたがる。個性は人間がもつユニークな魅力の一つなのだと。だが実際には、個性は人間のユニークさとはあまり関係がないのではないかと思う。一方、イヌは本当にそれぞれが違う。すばらしいイヌもいれば、卑劣な性格のイヌもいる。もちろん、後者の大半は、育てられ方が悪かったために卑劣になった。先に述べた精神病質的なグレートデンのブルーも、生後三年間にひどい育てられ方をしたはずだと、かなり確信をもって言える。けれども、生まれつき卑劣なイヌがいるとも思う。一部の人間と同じように、彼らも生まれつきこうした性質を備えているのだ。強調しておかなければならないが、ここで言うのは個々のイヌについてであって、犬種についてではない。わたしの経験では、犬種と気性にはわずかに関係があるようだが、それ以上のものはない。

ラガーに重大な落ち度があったわけではないし、マットにもない。それに、ラガーがいつもブレニンを攻め立てたわけでもない。ラガーはブレニンよりも何歳か年上で、ブレニンが子犬だった頃は、ブレニンを軽蔑していた。ラガーが生後十八ヶ月を過ぎると、ラガーとブレニンとの間には、数え切れないほどの問題が起こってきた。それでも、両者が一番の仲良しだった時期も一年ぐらいはあった。平日の午後はたいていラグビーの練習をしていたわたしたちは、グランドのはずれで演じられる、びっくりするほど軽業的な闘争ごっこに、気が散ったものだ。

ところが、ブレニンが生後十八ヶ月になった頃、他のイヌに対する態度が変わった。もし相手のイヌが雌で、不妊手術を受けていないと、どうしても乗りかかろうとした。体の大きさの違いなどには構わなかった（トラウマを受けた何頭ものウェストハイランド・テリアとヨークシャー・テリア、同じくトラウマを受けた飼い主たちは、すぐに平日の午後はブリス・フィールドを避けるようになった）。しかし、本当の問題は雄イヌとの間で起こった。雄イヌに対しては、ブレニンは相手を軽視して無関心な態度をとるか、敵意をむきだしにするかのどちらかだった。これは、ブレニンが相手のことを、十分大きくて自分にとって脅威となると感じたかどうかによって決まった。たいていは大事件にはならなかった。ブレニンは十分に訓練を受けており、従順なので、わたしの許可なしには他のイヌに近づかなかった。それでも、たまにはイヌたちの方が、ふつうは目を光らせながらブレニンに近づいてきた。そうなると、もう止めようがなかった。

ラガーは明らかに、ブレニンにとって脅威となるのに十分なほど大きかった。それどころか、ラガー以上に恐ろしい姿のイヌを想像するのはむずかしかった。ブレニンがおとなになる頃までには、両者はまたも憎み合うようになり、わたしたちが練習している間、もはやいっしょに遊ぼうとはせず、すれちがうときには四肢を硬直させ、首の毛を逆立たせて、これ見よがしに歩いた。マットとわたしは両者を慎重に引き離しておいた。それでも、騒動が起こるのは避けられなかった。ある土曜日の午後、試合の準備中に、ラガーはマットがピックアップトラックにつないでおいたチェーンからまんまと身をほどいた。わたしはグラウンドの真ん中でストレッチ体操をしていたので、三十メートルも離れていないところから両者の出会いを目撃した。背が低くずんぐりしていて、筋肉たくましく、攻撃性の塊のようなラガーが、ブレニン目がけて突進したのだ。ブレニンはギリギリの瞬間までその場に立ち尽くしていたが、それから身をひるがえした。次に、今度はブレニンがラガーを追いかけ、その背中に跳びかかると、えり首と頭に嚙みついた。数秒の内にラガーの片耳はほとんど引きちぎられて、血が顔から首、胸へとしたたり落ちた。このおぞましいシーンが演じられている間に、わたしはグランドの中央からイヌたちのところに駆けつけた。不安と狼狽にかられながらも、本能的に両者に割って入り、ブレニンを引き戻した。これは大きな誤りだった。場合によっては致命的になるほどの誤りだった。というのも、ラガーはこの瞬間を利用して、ブレニンの喉に嚙みつき、放そうとしなかったのだ。

この出来事から、わたしはイヌとの喧嘩にどのように介入すべきかについて、最初の貴重な教訓を得た。相手がピットブルだったら、オオカミを引き戻してはならぬ、という教訓である。第二の教訓はこうだ。万が一、愚かにもオオカミを引き戻してしまい、そのためにピットブルがオオカミの喉に噛みついたなら、口を放させる道はただ一つしかない。顎をこじ開けようなどとしてはならない。どうせうまくいかないのだから。胸倉を激しく何度も蹴ろうとしても無駄だ。それよりも、水をイヌの顔にぶっかけるのだ。ピットブルが噛みつくのは本能的な行為だ。この本能的な行為をやめさせるのに効く唯一の方法は、本能的な反応を引き出してやることだ。これには、ふつう水が効果的である。幸い、マットはこの教訓をわたしよりも前にすでに学んでいた。

第三の教訓は、その後に起こった喧嘩から学んだ。オオカミをイヌとの闘いから引き離したいのなら、オオカミの尾か尻をつかむべきで、決して首をつかんではならない。相手のイヌがすっかりトラウマを受けていないのなら（ブレニンに襲いかかるようなイヌは、そう簡単にはトラウマを受けない）、人の手がオオカミの喉の近くにあっても、攻撃を続けるだろう。だから、これはお薦めできない方法だ。喧嘩への介入方法を改善するプロセスは長くて、痛みをともなった。この間に負った数々の傷跡が、わたしの手と腕に今でもパッチワークのように残っている。

ブレニンの闘争心を誇張するつもりはない。取り立てて述べるほどのエピソードは片手で数えられるぐらいしかないだろう。ありがたいことに、これを確認するのに必要な指はまだそろっている。ブレニンがイヌたちに深刻な被害を与えたことはなかった。ただし、「深刻」というのは、何針か縫うぐらいでは治らないようなダメージのことだが。ラガーの怪我もすっかり治った。ただしこれは、いつもわたしが近くにいて、ブレニンを引き戻せたことと関係があるかもしれない。それにブレニンは、自分の方からは、たまにしか敵対的な行動を始めなかった。ただしこれは、訓練を受けたブレニンにはそうした機会がほとんどなかったからかもしれない。わたしの注意がそらされている間にイヌがブレニンに近づいても、闘争は容易に避けることができた。相手のイヌが通常の服従の合図を送りさえすれば良かったのだ。その結果、ブレニンが闘争までに至ったのは、大型の攻撃的なイヌが相手の場合だけだった。おもにピットブルとかロットワイラーといった、飼い主の手をふりほどき、オオカミに服従しようなどという意図がまったくないイヌである。

問題はブレニンの闘争心ではなくて、闘いの才能だった。喧嘩が起こると、わたしは両者の間に入って敵対行動を止めようとした。ラガーとの事件をくり返さないためにも、両者を同時につかまえなければならなかった。これは控え目に言っても、簡単ではなかった。けれども、ほかに方法はなかった。相手のイヌが闘い続けるかぎり、ブレニンもやめようとしなかったし、ブレニンが闘い続ければ、やがて相手のイヌは死ぬ運命にあるからだ。ブレニンのスピードは目にも見えないほどで、その残虐性は息を飲むほどだった。このブレニンが、毎朝わたしを湿ったキスで起こしてくれる動物、毎日なんどもわたしの膝の上にのって、撫でてもらおうとする動物と同一だと想像するのは、むずかしかった。それでも、ブレニンがこれら両方の面を自分の中にもっていることを、わたしは忘れてはならなかった。

3

オオカミ、それどころかオオカミとイヌのミックス犬すらも、文明社会には居所がない、と言う人がいる。この主張について何年も考えてきた結果、これが正しいという結論に達した。ただし、こうした人々が挙げる理由からではない。ブレニンが危険な動物だという事実は否めない。ブレニンは他の人間についてはまったく無関心だった。これには、心中ひそかに（エゴイスティックにも）喜んだものだ。わたし以外の誰かがブレニンに話しかけたり、他人のイヌに対してよくするように撫でたりすると、ブレニンは数秒の間、謎めいた表情でその人を見てから、そのまま立ち去った。けれども、イヌに対しては、状況いかんによって、即座に殺すこともできたはずだった。とはいっても、ブレニンにとって文明社会に居場所がないのは、彼がこれほど危険な動物だからという理由からではない。本当の理由は、ブレニンが危険さや不快さの点では、文明には遠く及ばないからだ。文明化は、非常に不快な動物にのみ可能なのだと思う。真に文明化することができるのは、サルだけなのだ。

ブレニンが一歳になった頃のある晩、わたしはテレビの前にすわって、自意識満々のアメリカ人独身男性の必需食品を食べていた。ハングリーマン・ミールとも呼ばれる、電子レンジで温めるだけのグルタミン酸ナトリウム〔化学調味料〕いっぱいの食事だ。ブレニンはわたしのそばで横になり、皿から何かが落ちてきたときのために、タカのような目でわたしを注視していた。すると電話が鳴ったので、わたしは皿をコーヒーテーブルの上に置いたまま、電話機の方へと行った。

ここで、ロード・ランナーを追っかけて崖から足を踏み外してしまったワイリー・コヨーテを思い出していただきたい。コヨーテが崖のふちをまさに越えてしまって、何だかよくは分からないけれど、何かとんでもないことが起こったことを悟った瞬間、戻ろうとして無駄にあがく前の瞬間を想像していただきたい。コヨーテは空中で凍りついたように止まり、その表情は熱狂に始まり、困惑、そして迫りくる破滅の自覚へとだんだんに変わるのだ。電話を終えてわたしが部屋に戻ったとき、まさにこれに似た光景が待ち受けていた。ハングリーマン・ミールを大急ぎで飲み込んだブレニンは、部屋の反対側にある自分の寝床へと歩いているところだった。そこへ、わたしが戻ってくるという歓迎しない事態、といってもまったく予想しないでもなかった事態が起こり、ブレニンは足を踏み出したままの姿勢で凍りついた。一方の足をもう一方の足の前におき、顔をわたしの方に向けた。その顔はだんだんに、ワイリー・コヨーテのような心配そうな表情になった。ワイリー・コヨーテは奈落へと落ちて行く直前に、「ヒャア！」と書かれた看板をかかげる。ブレニンがこの看板をもっていたら、同じことをしたに違いない。

ルートヴィヒ・ヴィトゲンシュタインはかつて、たとえライオンが話せたとしても、わたしたちにはライオンの話を理解できない、と書いた。ヴィトゲンシュタインが天才だったのは確かだ。それでも、正直に言ってしまえば、彼はライオンのことをあまりよく知らなかった。オオカミは体で語る。ブレニンは明らかに「見つかっちゃった！」と言ったのだ。本当は、泥棒家業ではもっとノンシャランに、無頓着な態度をとった方が得だったはずなのだが。「僕、知らないよ、君の食事がどうなったかなんて」とか、「僕は何もしていないよ。僕が来たときには、もうこうなっていたもの」とか。「君は出て行く前に、ご飯を食べ終わっていたじゃないか。老いぼれ野郎」などと言えばすむ。だが、オオカミはそういうことはしない。オオカミは話すことができる。それに、わたしたちにはオオカミの言うことがわかる。それでも、オオカミは嘘をつけない。これこそが、オオカミが文明社会に居場所がない理由だ。オオカミはわたしたちに嘘をつけない。イヌもできない。だからこそ、わたしたちは彼らよりもすぐれている、と思っているのだが。

4

サルの方がオオカミよりも、体の大きさに対する脳の比率が（ほぼ二十パーセントも）大きいことは、周知の事実だ。そのために、わたしたちはどうしても、サルの方がオオカミよりも知能が高いという結論を出してしまう。けれども、この結論は誤っているだけではなく、あまりに事を単純化している。そもそも優越性という観念は不完全である。XがYよりも優れている、と言った場合、それは常に、ある一定の点においてのみ優れているだけだ。だから、もしサルの知能がオオカミのよりも本当に優れているのなら、わたしたちはこう問わなければならない。どのような点において優れているのかと。そして、この疑問に答えるには、サルがどのようにしてより大きな脳を獲得し、そのためにどのような代償を払わなければならなかったのか、という点を理解しなければならない。

かつて人間は、知能はたんに自然界とうまくやっていく能力だと考えていた。たとえば、チンパンジーはアリに刺されずに捕食するために、棒をアリ塚に差しこんで取り出す方法を発見した。これは前に述べた機械的な知能の例だ。世界がチンパンジーに、ある課題、たとえば刺されることなく食物を調達せよという課題を出し、チンパンジーはこれを機械的に賢明な方法で解決する。機械的な知能は物事の関係、この例の場合ではアリがするであろう行動と棒との関係を理解し、この理解を自分の目的に合うように利用する。これまで見てきたように、オオカミは機械的な知能が高い動物だ。サルほどではないかもしれないが、イヌよりは高い。

一般的に見て、群れ生活をする（社会的な）動物の脳は、単独生活をする動物よりも高い。なぜそうなのだろうか。世界は社会的な動物にも単独生活者にも、同じ機械的な要求を出している。トラであろうが、オオカミだろうが、サルだろうが、同じような機械的な問題を解決しなければならないはずなのに。ということは、脳の大きさは機械的な知能の増加によって推進されるわけではない、と結論しなければならないように思える。この考察は、セント・アンドリューズ大学の二人の霊長類学者、アンドリュー・ホワイトゥンとリチャード・バーンが「マキャベリ的知性仮説」と名づけたことの基礎となった。脳の大きさの増加と、そこからくる知能の向上は機械的世界からの要求ではなく、社会的な世界からの要求によって起こるのだという。

ここでわたしたちは、物事をあべこべにしないように注意しなければならない。たとえば、一部の動物は大きな脳とそれによる高い知能のゆえに、群れ生活を営む方が生きやすい、群れならお互いに助け合い、守り合うことができると分かったのだ、と考えたくなる。つまり、知能が高かったから、社会的な動物になったのだと考えるのだ。けれども、マキャベリ的知性仮説によると、実際は逆である。こうした動物は、社会的な生活を通して知能が高くなったのだ。脳の大きさの増加は、動物が群れ生活をするようになった原因ではなくて、群れ生活をしたことの結果なのだということになる。社会的な動物は、単独生活をする動物ならしなくてもすむことを、できなくてはならない。機械的な知能は、物事の関係を見抜くことにあるが、社会的動物はそれ以上のことができなければならない。社会的動物は、他の個体間の関係も見抜かなければならない。これが社会的な知能である。

たとえば、類人猿、有尾猿、オオカミは、自分の群れの他のメンバーから絶えず目を離さないようにしなければならない。各メンバーを識別し、誰が自分より上位にあるか、誰が下位にあるかを覚える能力がなければならない。そうでなければ不適切な行動をとってしまい、苦しむ羽目になる。多くの昆虫、たとえばアリ、ミツバチなどもこのトリックをマスターしているが、昆虫は化学物質によるメッセージを送りかつ受信することで、これをなしとげている。これは進化によって受け継がれた戦略である。しかし、群れ生活をする哺乳類はこれとは違う戦略を使う。マキャベリ的知性仮説によると、脳の大きさと力を増進させるのは、動物の社会的な性質、そして個体間の社会関係を常に概観していなければならないという必要性であって、その逆ではないというのだ。

この点では、サルもオオカミも共通している。それでも、はるかかなたの昔にサルは、オオカミがたどらなかった別の進化の道を進んだ。そしてその理由は、多くの専門家によると、まったく不明だという。群れ生活は新しい可能性も、新しい必要事項ももたらす。単独生活では決して得られない可能性と、単独生活では要求されないような必要事項をもたらす。第一の可能性は、群れの仲間の操作・利用である。自分自身のコストは仲間よりもわずかにしかかけずに、群れのあらゆる利益を享受するという可能性だ。仲間を操作・利用するには、相手を騙《だま》す能力が基礎になる。仲間を操作するもっとも重要で効果的な方法は、仲間を騙すことなのだから。そして、ここから群れ生活における第一の必要事項が出てくる。仲間のサルよりも高いコストをかけて、仲間よりわずかな利益しか得られなくなってはまずい。だから、群れ生活を営む者は、自分が騙されているということに気づけるほど、十分に賢くなければならない。その結果、自分は騙されずに、相手を騙さなければならない必要性に駆りたてられて、知能はエスカレートする。サルの進化の途上では、嘘をつく能力と嘘を見抜く能力が手に手をとって発達したのである。必然的に後者は前者よりも優れることになる。

群れ生活ではまた、仲間と徒党を組むことができる。サル社会では、自分の群れの一部のメンバーと結束して、集団で他のメンバーを攻撃する方法である。そのためには、陰謀をたくらむ能力が必要となる。この方法を使うには、もう一つ別のことも必要になる。他のメンバーの陰謀の対象となり、次々と出てくる徒党の犠牲になるのは得策ではない。不快であるし、長期的な展望としてもうまくない。他のメンバーが絶え間なくあなたに対して陰謀をたくらみ、それでもあなたが群れに居つづけたいのなら、あなた自身も常に彼らに対して陰謀をたくらまなければならない。一定の類の群れで生活すると、少なくとも陰謀の対象になるのと同じ程度に陰謀をたくらむ側になる必要性が生じる。こうした群れでは、陰謀をたくらむ能力が、その必要性をも引き起こすのである。

陰謀と騙しは、類人猿やその他のサルがもつ社会的知能の核をなしている。なんらかの理由で、オオカミはこの道を進まなかった。オオカミの群れ内では、陰謀や騙しはほとんどない。イヌが原始的な、あまり説得力のない形の徒党づくりの能力をもつことを暗示する証拠はいくつかあるようだ。だが、これらの証拠は決定的ではない。それに、たとえそうだとしても、陰謀や騙しの能力に関しては、イヌやオオカミは類人猿にくらべたら子どものようなものだという点だけは確かだ。なぜサルがこのような戦略をとり、オオカミがとらなかったのかは、誰も知らない。けれども、たとえ原因がわからなくても、まさしくこれが起こったということは疑う余地がない。

もちろん、類人猿の王様、ホモ・サピエンスにおいて、このような形の知能は最高点に達した。サルの知能がオオカミのそれより優れていると言うなら、そこでの比較の前提を心に留めておくべきである。すなわち、サルがオオカミよりも知能が高いのは、とどのつまりは、サルの方が優れた謀略家であり、詐欺師であるからなのだということだ。この事実に、サルとオオカミの知能の違いは由来している。

とはいっても、わたしたちはサルであり、オオカミが夢にすら見ないことをも成しとげることができる。芸術、文学、文化、科学を創造し、物事の真実を発見することができる。オオカミのアインシュタイン、オオカミのモーツァルト、オオカミのシェイクスピアはいない。そして、もちろん規模はずっと小さいとしても、ブレニンにはこの本は書けなかっただろう。サルだけがこのようなことができるのだ。こうした主張はすべて正しい。それでも、これらの能力がどこから来たのかという点を忘れてはならない。わたしたちがもつ科学や芸術の知能は、わたしたちの社会的知能の副産物なのだということを。そして、わたしたちの社会的知能は、陰謀や詐欺の犠牲になることではなくて、陰謀をたくらみ、他者を騙す能力の中にある。ただし、科学的な知能や創造的な知能が単に、陰謀や詐欺に還元されるというわけではない。ベートーベンはエロイカを作曲したときに、そのようなことは考えもしなかっただろう。陰謀や詐欺が無意識の形で存在していて、彼の行動を意識下で誘導したというわけでもないだろう。ベートーベンの作曲家としての才能を、愚かな還元主義で解明したいのではない。そうではなく、ベートーベンがエロイカを作曲できたのも、彼が長い自然史の生産物であったからこそなのだと言いたいのだ。嘘をつかれるよりも自分がうまく嘘をつく能力、たくらみの犠牲者になるよりも、よりうまくたくらむ能力に依存した、自然史の産物である。

わたしたちの知能がどこから来ているのかを忘れるなら、他の生き物に対して不当な仕打をし、自分自身にもありがた迷惑な行為をすることになる。わたしたちの知能は無償で与えられたものではない。はるか昔の進化の歴史においてわたしたちは、理由はどうあれ、オオカミが歩まなかったある道を歩み出した。それについて、わたしたちは非難も祝福も受けることはできない。ほかに選択の道がなかったのだから。けれども、進化において選択の可能性はなかったとはいえ、それは大きな成果を生んだ。わたしたちの複雑さ、繊細さ、芸術、文化、科学、真実。人間の偉大さとわたしたちが呼びたがることだ。こうしたものすべてをわたしたちは、陰謀や詐欺という代償を払って買ったのだ。わたしたちのすぐれた知能の核心には、邪悪な陰謀と欺瞞が隠れている。まるで、リンゴの芯の中でのたくっている虫のように。

5

このように書くと、人間の特殊性を意図的に一方的に描いていると思われるかもしれない。「人間が共謀とか偽善への傾向を生まれつきもっているのは真実かもしれないけれど、魅力的な特徴だってもっているじゃないか。それに愛、共感〔感情移入能力〕、利他主義についてはどうなんだ」という反論が上がりそうだ。もちろん、人間にこういう能力があることを否定はしない。この点では類人猿も同じだ。けれども、わたしはここで人間に当てはまることを単に列挙するのではなくて、人間に特徴的なことを示したかったのだ。それに、人間だけがこうしたポジティブな特徴をもっている、という考え方を堅持するのはむずかしい。

群れ生活を営むあらゆる哺乳類が、お互いに対して深い愛着心をもてるという事実は、たくさんの経験的な証拠が示している。少なくとも、非常に視野の狭い行動主義者を除けば、すべての観察者がこのように見ている。オオカミやコヨーテは、狩りのためにしばらくお互いから離れていた後に再会すると、ワンワン、キャンキャン吠え、尾を激しく振りながら、全速力で駆け寄る。それから、お互いの鼻先をなめ、仰向けになって四肢をバタバタさせる。リカオンもやはり感情表現がオーバーだ。あいさつ儀式では、不協和音のような叫び声を発し、尾を激しくけいれんするように振り、おおげさに跳んだり、はねたりする。ゾウは他のゾウに再会すると、耳を振り、グルグル回って、低いあいさつの唸り声を出す。受け入れがたい行動主義(他の動物には執拗に適用するくせに、人間自身に適用するのは拒むイデオロギーだ)に捉われていなければ、これらすべての例から、動物たちがお互いに対して本物の愛情をもち、いっしょにいるのが好きで、再会して喜んでいると、明白に結論できる。

動物が悲しむという証拠も同じように説得力がある。野外での研究が進むほど、この点はますますはっきりしてくる。マーク・ベコッフは『マインディング・アニマルズ』(Marc Bekoff: Minding Animals)という本で、グランド・テトン国立公園で観察した、あるコヨーテの群れでの出来事を次のように書いている。

ある日、母親コヨーテが群れを離れたまま、二度と戻らなかった。姿を消してしまったのだ。来る日も来る日も、群れはじりじりしながら母親を待ちつづけた。何頭かのコヨーテは、子どもを待ちわびる親のように、神経質にあちこち歩き回った。近くまで出かけては、手ぶらで戻ってくるコヨーテもいた。母親が出かけたと思われる方角へと歩き、母親が訪ねたと思われる場所で臭いを嗅ぎまわり、母親を呼び戻そうとするかのように遠吠えをした。一週間以上の間、群れは火が消えたようになった。家族は母親を恋しがったのだ。もしコヨーテが泣くことができたら、泣いただろうと思う。

キツネが死んだ仲間を土に埋めた、という観察記録がある。密猟者に殺され、象牙を奪われた老いた雌ゾウのそばに、三頭の雄ゾウが三日間も立っていたという証言もある。雄ゾウたちは死体に触れては、立ち上がらせようとした。著名なナチュラリストのアーネスト・トンプソン・シートン（彼は作家になる前はオオカミハンターだった）は、ロボと名づけられた雄オオカミを仕留めるために、伴侶の死を悼むロボの哀しみを利用した。シートンはまず、ロボの伴侶だった雌オオカミ、ブランカの死体をいくつかの罠にこすりつけて、ブランカの臭いを罠につけた。自分が愛した雌オオカミの元へ戻ろうとしたロボは、これらの罠におびきよせられ、シートンによって殺された。

こんな話は奇談だ、と反論できるかもしれない。それはそうかもしれない。だが、こうした奇談は今では何千もあり、その数は日に日に増えている。しかもこの数には、ペットを飼っている人が語る話は入っていない。それに、ベコッフが述べているように、奇談も十分な数が集まれば、まったく別なもの、すなわちデータに変わる。「十分」という言葉をどのように理性的に定義しても、データへと変わる時点はとっくに超過している。

ジェーン・グドールのすばらしい作品を読みさえすれば、類人猿には愛着心、共感、それどころか愛すらもがふつうに見られることが分かる。たとえば、『心の窓――チンパンジーとの三〇年』(Jane Goodall: Through a Window. 邦訳・どうぶつ社)という本で、フリントという名の子どもチンパンジーが母親フローの死後、急速に痛々しく衰弱していく様子を描いている。これを読むと、心が少しでもある人なら、感動せずにはいられない。しかし、他の哺乳類にもこの類の感情があることを示す証拠も、これと同じぐらい強力である。愛着心、共感、愛は、人間や類人猿だけにあるのではない。群れ生活を営むあらゆる哺乳類に見られるのだ。

実際、このことを裏づける理論的な根拠もある。最初のそれは、チャールズ・ダーウィンによって出された。あらゆる社会的な群れは、それを結束させる媒体を必要とする。いわば社会的な接着剤である。群れ生活をする昆虫でこの接着剤の役割を果たすのは、コミュニケーションに使われるフェロモンであり、個々の昆虫が一個の生物というよりも一個の細胞のようだという事実も接着剤となっている。自分の繁栄や自己認識すらもが巣やコロニー組織と結びついているような細胞だ。一方、哺乳類では、進化は明らかにまったく別の戦略をとった。この戦略には、ダーウィンが社会的な感情と呼んだものの発達も含まれる。愛着心や共感、愛すらも含む感情だ。オオカミやコヨーテ、リカオンの群れを団結させているのは、チンパンジーのコロニーや人間の家族を結びつけているものと同じなのだ。わたしたちすべてが、これを共通してもっているのだ。

けれども、わたしが関心があるのは、わたしたちすべてが共通してもっているものではなくて、わたしたちを他の生き物から区別しているものである。わたしたちのほとんどは、人間を「愚かな」動物から区別するのは、高く評価される知能であるということを受け入れている。あるいはこれを固く主張する。もしそうなら、この知能が代償なしに得られたのではないことをも認識すべきである。何千年も前に、わたしたちの祖先が他の群れ動物とは違って、二枚舌と陰謀が敷かれた道をたどったからこそ得られたのだということを。

6

人間の知能についてのこのような一般的な記述に、重大な疑問点はない。フランス・ドゥ・ヴァールは『チンパンジーの政治学——猿の権力と性』(Frans de Waal: Chimpanzee Politics. 邦訳・産経新聞社)で、オランダのアーネムのチンパンジー群について、その後の指針となるような観察結果を描写して、チンパンジーのグループ・ダイナミックスに見られる、いくつかの複雑性を紹介している。この群れでは、三頭の雄がリーダーの地位をめぐってたえず争っていた。調査の開始時には、アルファの地位はイエルーンが占めていた。イエルーンがこの地位を維持できた重要な要因の一つは、群れの雌たちによる支持だった。ラウトは長いことかかって、やっとイエルーンから地位を奪った。雌によるイエルーンの支持をくずしたのだ。挑戦をする以前は、群れの中ではかなり末位におり、イエルーンによって群れのメンバーからいくらか離れて暮らすよう強いられていた。力関係に決定的な変化が起きたのは、もう一頭の雄、これら二頭より若い雄のニッキーが、ラウトと連合を組めるほどに成長したときだ。この二頭はいっしょになって、雌たちを殴るという「お仕置き」措置を始めた。といっても、殴るのが目的ではなくて、雌たちに、イエルーンには自分たちを守れないということをはっきり示すためだった。四ヶ月ほどお仕置きが続くと、雌たちはラウトを支持するようになった。その理由が、ニッキーとラウトから絶えず受けるお仕置きにうんざりし、イエルーンがそれに対して介入できなかったためであることは、ほぼ確実だ。

ラウトは昇進するとすぐに方針を変えた。リーダーとして、雌に対しても雄に対しても態度を変えなければならなかった。雌に関しては、雌全体からの支持が必要なので、公平な平和の守り手役をつとめた。雄のメンバーに関しては、「負け組のサポーター」になった。二頭の雄の抗争に介入するときには、常に負けた側の雄を支援したのだ。リーダーへの昇進がニッキーのおかげであったのに、ニッキーと他のチンパンジーの争いが起こると、いつも他のチンパンジーの側についた。この方策は賢明である。二頭の雄間の抗争で勝つ雄は、その後すぐにラウトの地位に挑戦するほど強いかもしれないからだ。負けた雄がそのようなことをする見込みはない。それに、ラウトが負けた側を支援すれば、負けた雄がその後の抗争で、ラウトを応援する可能性が高まる。言い換えれば、リーダーの地位にあるからこそ、ラウトは自分に挑戦できないような雄たちと連合を組んで、自分に挑戦できるほど強いライバルから身を守らなければならなかったのである。

やがて今度は、イエルーンとニッキーが結束して、ラウトの座を奪った。ニッキーは新しい公的リーダーになったが、本来の権力はイエルーンがもっているようだった。実際、ニッキーがトップに昇格すると、イエルーンはニッキーの権威を失墜させるように、じつに効果的にふるまったので、ニッキーが本当に支配していたかどうか疑わしいほどだった。ニッキーは愚かにも、抗争の勝者を支援する方針をとり、イエルーンは平和の守り手の役目を果たした。たとえば、二頭の雌の争いにニッキーが介入しようとすると、イエルーンはしばしばニッキーに対抗し、時にはその二頭の雌の助けも借りて、ニッキーを追い払った。なぜ、ニッキーはこんなことをされるままになっていたのだろうか。彼にはほかに選択の道がなかったのだ。ラウトを抑えておくために、イエルーンが必要だったからだ。こうしてニッキーは、雌たちからはリーダーとして受け入れられることは決してなかった。それどころか、雌たちはしょっちゅう一団となってニッキーに襲いかかった。一方、イエルーンは雌と結束してニッキーへの圧力を保ちつつ、ラウトを退けるために、ニッキーと連合を組んだ。誰が本当の権力を握っていたのかは、明らかだ。

ラウトやニッキーよりもイエルーンが賢明であることは、異なる目的に応じて異なる連合を組んだという能力に表れている。一方ではニッキーを抑えるための連合、他方ではラウトを抑えるための連合というように。これにくらべると、ニッキーと組んだラウトの連合は雑に見える。本当に成功したサルになるためには、つまり、サルの知能を最高レベルで発揮するには、ただ一頭のサルだけに対抗するのではなく、複数のサルに同時に対抗して陰謀をくわだてる能力をもたなければならないのだ。そして、もっとも成功するサルとは、まさに陰謀の対象であるサルと場合によっては共謀もできるようなサルなのである。

イエルーンとラウトが見せた陰謀は、たえず相手の変わる不安定な連合という形で表現された。これに加えて、サルの行動のあらゆる指針的な調査によると、騙しも重要な役割を果たしている。サルの研究に大きな影響をあたえた研究（『マキャベリ的知性と心の理論の進化論』の中で発表された第十六節「霊長類の戦術的欺きに見られる注意の操作」）でホワイトゥンとバーンは、サルがよく用いる騙しのタイプとして、少なくとも十三種類を区別している（Whiten/Byrne: Machiavellian

Intelligence. 邦訳・ナカニシヤ出版)。それぞれのタイプについて、ここで詳しく述べる必要はないだろう。若干の代表的な例から、十分に想像がつくと思う。

劣位にあるチンパンジーやヒヒの雄はしばしば、勃起したペニスを順位の高い雄からは隠しながら、雌にはわざと見せつける。そのとき、優位の雄に近い側の腕をひざにのせ、手をだらりと下げる。そうしながら、優位の雄の方をそっと盗み見る。わたしがこの例を大好きなのは、これが見事なほどいかがわしいからだ。狡猾さと好色とをこれほど無比に組み合わせる行動は、サルにしか見られない。ホワイトゥンとバーンは、このような形の騙しを隠蔽と名づけている。このような隠蔽の後にはふつう、さらなる隠蔽が行われる。この雄と雌は手ごろな岩や木陰にかくれて、密かに交尾をするのである。

別のタイプの隠蔽の例もある。ホワイトゥンとバーンは注目の妨害と名づけている。ヒヒの群れが細い道を歩いていた。雌のSは、ほとんど目にとまらないようなマツグミの茂みが、一本の木にからまっているのを見つけた。この植物はヒヒの大好物の一つだ。Sは他のヒヒには目もくれずに、道端に腰をおろすと、熱心に身づくろいを始めた。他のヒヒたちはSのそばを通りすぎて行った。皆の姿が見えなくなると、Sは木に跳びついて、マツグミを食べた。このヒヒの行動は、人が地面に二十ポンド紙幣を見つけたとき、靴紐を結ぶようなふりをしてかがむのと同じである。

7

連合づくりと騙しが知能の向上と関係があるのは、容易に理解できる。連合にも騙しにも、周囲の世界だけでなく、とりわけ他者の心の内を見抜く能力が必要である。これら二つの行動の根底にあるのは、他者が世界をどう見ているかを見取り、理解し、あるいは予想する能力である。

雌にペニスを見せながら、自分より優位の雄からは隠した、いかがわしいチンパンジーのことを考えてみよう。このチンパンジーがそうするには、優位の雄の視点を想像できなければならない。すなわち、優位の雄には物が見えるのだということ、優位の雄に見えることが、他のチンパンジーに見えるとはかぎらないという点、そして、彼に何が見えるかは、その彼が他のチンパンジーに対してどこにいるかによって決まる、という点を理解できなければならない。隠蔽を成功させるためには、チンパンジーは他のチンパンジーの頭の中で何が起こっているかを、ある程度は知っていなければならないのだ。霊長類学者が言う、サルがもつ印象的な「読心」能力とは、この能力を指す。

騙しに関する二つ目の例では、読心能力はさらに一段か二段、洗練されている。ヒヒの雌Sがあえてマツグミに注意を払わず、そちらを見ようともしなかったのは、他のヒヒがマツグミを見るかもしれないと想像しただけでなく、他のヒヒが自分がマツグミを見るところを見てしまうかもしれない、と想像したからだ。つまりSは、自分が何か大切なものを木の間に見つけたということに他のヒヒたちが気がつくかもしれない、ということを理解したのだ。Sがマツグミを見るとき、これを一次的な心象という。Sは世界の視覚的な心象をつくり出した。仲間の一頭が、Sが何か興味深いものを見たことに気づくなら、そのヒヒは、Sによる世界の心象のそのまた心象をつくり出したことになる。これを二次的な心象という。けれども、自分が何か興味深いものを見たことに他のヒヒが気づいたかもしれないことを、Sが理解するなら、それは心象の心象の心象ということになる。これは三次的な心象である。

ホワイトゥンとバーンはもっと印象的な例を出している。あるチンパンジー（チンパンジー1としておこう）がちょうどバナナの餌を受け取ろうとしている。バナナが入っている金属箱は、遠隔操作で開けられる。箱が開いたとき、もう一頭のチンパンジー（チンパンジー2）が現れる。チンパンジー1はすぐに金属箱を閉じると、数メートル離れたところにすわる。チンパンジー2はそれ以上は近寄らず、一本の木の陰に隠れて、チンパンジー1を観察する。チンパンジー1が箱を開けると、2が跳びだしてきて、1からバナナを奪ってしまう。チンパンジー1には、バナナを見ている自分を2が見る可能性がある、ということが見える。これは三次的な心象だ。だが、2にはそのことも見える。これは、四次的な心象のまさに驚くべきケースであるようだ。

他者の心を見抜く能力は、サルたちが共に、あるいは互いに対抗して連合を組むときにも容易に見られる。単純な連合であったとしても、連合が成功するための鍵は、自分の行為が他者にどのような効果を及ぼすかを理解することだけではない。自分の行為が他者にどのような反応を引き起こすかを理解することも、同じように重要である。自分がすることと、自分の行為が原因で他者がすることとの関係を理解しなければならないのだ。群れの雌メンバーに対するラウトとニッキーの暴力キャンペーンを思い出していただきたい。この関係を理解するということは、自分の行為が他者のどのような行為を引き起こすかを理解することなのである。だから、単純な連合を組む場合でも、それを成功させるには、仲間の心を理解できることが前提になる。

手短に言えば、ほかの社会的動物には見られないような知能の発達を類人猿や有尾猿が達成できたのは、二重の必要性にかられた結果だ。自分を謀ろうとしている他者よりも、もっと巧みな謀略をする必要性と、自分が欺かれるよりももっとうまく相手を欺く必要性だ。これらの必要性によって、サルの知能の性格は動かしがたく形づくられている。わたしたちは、自分の仲間の心をより良く理解し、それによって仲間を欺き、自分の目的のために利用できるように（もちろん、まさに同じことを仲間もわたしたちに対してしようとする）、知能を発達させた。これら以外のこと、たとえば自然世界に対するすばらしい理解、知的かつ芸術的な創造力といったものは、これらの帰結としてその後に生じたのである。

8

これまで、もっとも興味深い疑問にはまだ答えを出していなかった。いや、このもっとも興味深い疑問をまだ出してもいなかった。サルがこれほど効果的にたどった知能への道を、なぜオオカミが無視したのかという疑問だ。この点では、専門家たちは肩をすくめる。群れの大きさと関係しているのではないか、と言う人がいる。けれどもこれは、何でもよいから答えを出そうとする、あいまいな素振りでしかない。群れの大きさと、謀略や騙しへの要求との関係を、明解にした人はいないからだ。わたしには別の考えがある。これまでサルについて書かれてきた文献の行間からそっとではあるが、目に見える形でにじみ出てくる仮説である。

公的なアルファ雄であったニッキーが五十メートル離れた草地に寝そべっている間に、ラウトは一頭の雌チンパンジーに言い寄った。ラウトの誘惑テクニックは想像がつくだろう。雌に勃起したペニスを見せながらも、ニッキーには背を向けて、どうしているかを彼には見えないようにしたのだ。疑わしく思ったのか、ニッキーは立ち上がった。すると、ラウトはニッキーには背を向けたまま、雌からゆっくりと数歩だけ離れ、腰をおろした。ラウトは、ニッキーの接近に気づいたから自分も動いたのだと、ニッキーに思われたくなかったのだ。それでも、ニッキーはゆっくりとラウトの方へと近づき、途中で大きな石を拾い上げた。ラウトはときどき振りかえっては、ニッキーの進行状況を確かめ、それから下を向いて、だんだん萎えつつあるペニスを見た。ペニスがすっかり萎えると、彼は回れ右をして、ニッキーに向かって歩いた。そして、自分がいかに勇敢なチンパンジーであるかをこれ見よがしに誇示するかのように、その石の臭いを嗅いでから、ニッキーと雌をその場に残して立ち去った。

オオカミが無視した進化の道を、なぜわたしたちは歩んだのかという問いに対する明白な答えは、このエピソード（この類の話はたくさんある）から得られる。つまりは、セックスと暴力だ。これら二つによって、わたしたちは今日のような男性と女性になった。幸運に恵まれたオオカミ（アルファ雄やアルファ雌）でも、一年に一度か二度しかセックスをしない。多くのオオカミはまったくすることがない。それでも、こうしたオオカミがセックスを恋しがったり、強いられた禁欲生活に苦しんでいるという兆候は見られない。サルであるわたしは、セックスに関することを客観的に見ることができない。だが、火星から来た行動学者が、オオカミと人間の性生活の比較研究をする様子を想像してみよう。その行動学者は、オオカミのセックスに対する態度は多くの点で健康で規律正しい、という結論に達するのではないだろうか。オオカミは、セックスができればそれを楽しみ、するチャンスがなければ、それはそれで不満を感じないのだ。ここで、オオカミを人間に置き換え、セックスをアルコールに置き換えてみると、人間は健康のために必要な態度を発達させており、過剰な快楽の悪癖と欲望を抑える慎み深さの間で、効果的にかじを取っていると言えるかもしれない。けれども、わたしたちはセックスについてはこのように考えることができない。セックスをしなかったら、もちろんしたくなる。セックスは自然で健康なのだ、と思わずにはいられない。このように思うのは、わたししたちがサルだからだ。オオカミとくらべると、サルはセックス依存症なのだ。

では、なぜそうなのだろうか。もしかすると、オオカミは、自分の生活に何が欠けているのかを知らない、というだけなのかもしれない。少なくとも、わたしの内にあるサルは、こう考えたがる。雌オオカミの繁殖期は一年に一度だけ訪れる。繁殖期間は三週間ぐらいであるが、そのまん中の週だけ雌は受胎可能だ。繁殖モードに入る雌は、ふつうは群れのアルファ雌だけである。なぜそうなのかは、知られていない。劣位にある雌はその低い地位から起こる社会的ストレスのせいで、繁殖期に入ることが阻止されてしまうのだ、と言う研究者もいる。けれども、これはあくまで推測である。

これに対しサルは、ふつう、自分が欲しがっているものが何なのかを知っている。若かりし頃の哀れなブレニン。タスカルーサ・カウンティーの雌イヌたちと、相手かまわず交尾しようとする試みはいつも見当違いで、挫折していた。犬種や大きさを区別しようとせず、単なる肉体的な条件からくる制限を軽視した。想像上の火星人行動学者がほめるような、セックスに対する健康で節制的な態度をまだマスターしていなかった。他方では、ブレニンは自分が欲しているのに得られないものが何であるのかを感づいていたに違いない。そうでなければ、あれほどの努力をしたはずがないからだ。それなのに、わたしがいつも警戒していたので、それを知ることができなかった。そして、こういう状態は何年も続いた。

自分が欲してはいても得られないものが何であるのかを知っていれば、もちろんセックスを生殖と区別することができる。これがブレニンにはできなかった。ブレニンが交尾しようとしたのは、盲目的な遺伝的衝動に動機づけられたのであって、交尾から生じる快楽のためではない。ブレニンはそのようなものは知らなかった。これに対し、わたしたちサルは、この快楽についてよく知っている。オオオカミにとっては、快楽は繁殖への衝動の結果である。サルはこの関係を逆転させた。サルにとっての繁殖は、快楽への衝動からたまに起こる（そして、時にはわずらわしい）結果なのだ。もちろん、このサル的な逆転になんら悪い点はない。繁殖と快楽の関係については、種ごとに異なった見解がある。ただし、この逆転が必ずしも最上の解決法というわけではない。

けれども、こうしたサル的な逆転は、あるはっきりした結果をもたらした。謀略をたくらんだり、騙したりする動機が、サルではオオカミよりもはるかに大きくなったのだ。謀略や騙しは、サル的な逆転によって生じる欲望を満足させるために使う手段である。といっても、サルはセックス以外の目的のために、謀略をたくらんだり、騙したりできないわけではない。先に紹介したように、ヒヒのSはおいしいマッグミを手に入れるために、騙すという手段を使った。けれども、ここでわたしたちは、どのような点でサルがオオカミとは異なるかを知ろうとしている。オオカミもサルとまったく同じように、隠れた餌の貯蔵に魅了されるであろうが、サルと違って、これを騙しによって自分のものにしようとはしないだろう。だから、サルの騙しの能力は、別の枠組みの中で、別の理由から獲得されたと考えられる。そして、この枠組みと理由は部分的には、快楽と繁殖の成功をサルが逆転させたことによってもたらされたと、わたしは思うのだ。

人間の思考（西洋的な思考だけでない）の歴史は、理性や知能を快楽や楽しみから区別することをめぐって成り立っている。快楽や楽しみは、いやしい欲望や粗野な欲望の領域に入れられている。わたしたちを人間たらしめ、他の自然から区別するのは、知能や理性である。しかし、理性と快楽はわたしたちが認めようとする以上に、緊密に結びついていると思う。わたしたちの合理性の一部は、快楽を得ようとする努力の中から生まれたのだ。

サルの方が謀略や騙しへの動機がより大きいだけでなく、リスクもより大きい。ニッキーはラウトをやさしく懲らしめるつもりなどなかった。重い石を拾い上げて、素手でできるよりも激しく、ラウトを打ちのめそうとしたのだから。サルの驚くべき謀略や騙しについて議論するとき、しばしば見過ごされるのは、サルがこうした謀略を行使するときに使う方法に、ある種の悪意が込められている点だ。オオカミの生活にはこのような悪意は見られない。

ブレニンとラガーの闘争は衝動的なものであって、あらかじめ巧まれたものではなかった。だからといって、いかなる状況でも、二頭が殺し合うような結果にはならなかったはずだ、と言いたいわけではない。闘いがずっと続いていたら、どちらが死ぬ羽目になったのかは確かではないが、そうなっても不思議ではなかった。それでも、たとえ闘いがどちらかを死にいたらしめたとしても、それが予め意図されていたとは考えられない。ブレニンとラガーは我を忘れただけだ。狼藉行為は熱血ゆえの行為であり、激情にかられた犯罪行為なのだ。

ブレニン、ラガー、ニッキー、ラウトが人間だと仮定してみよう。裁判では、どのようなことになるだろうか。ブレニンとラガーは感情を爆発させたために、有罪を宣告されるだろう。雌を誘惑しようとしているラウトを見たニッキーが激怒して、その場で攻撃していたら、これも同様の宣告を受けることだろう。けれども、実際にはニッキーはラウトの方へ向かう途中で立ち止まり、石を拾い上げた。したがって、もしニッキーが本当にラウトを攻撃していたら（ラウトがちょっとでも無遠慮なふるまいをしていたら、ニッキーが攻撃したであろうことは確かだ）、その攻撃に対して、もっと厳しい刑の宣告が下されたはずであり、下されるべきである。石を拾い上げる行為は、犯罪が故意であったことの証拠となるし、法律の下では、犯罪が予め計画されたことが証明されれば、それで十分だからだ。ニッキーの犯罪は熱血からくる行為ではなく、冷血さからくる行為ということになる。ブレニンとラガーの闘争がどちらかの死に終わっていたなら、心ある裁判官なら、勝った側に故殺〔傷害致死など、意図しないで相手を死に至らしめた殺人〕に対する刑を宣告したであろう。一方、悪意をもち、手には石をもっていたニッキーは、謀殺に対する刑を受けるはずだ。これこそが、オオカミの悪意とサルの悪意の基本的な違いであるように思える。故殺と謀殺の違いだ。

悪意ある予謀は、サルにおいてはあまりに多くの個体関係に浸透しているので、サル特有の性格であると結論したくなるほどだ。そもそも、サルが世界のためになしとげた、それ自体としては最大の貢献、サルをいつまでも記憶に留めさせるであろう決定的な貢献は、悪意ある予謀の発明かもしれない。繁殖と快楽の順序を逆にしたのがサルの逆転だとしたら、悪意ある予謀をサルの発見と呼ぶことができるだろう。

悪意ある予謀ができる動物に直面したときには、謀略と騙しはなおさら重要になる。ニッキーが手に石をもって近づいてきたときの、ラウトの身になってみよう。もし、ラウトがオオカミだったら、事は彼にとってずっと容易に運んだだろう。この優位の雄が攻撃してきたとしても、ラウトは服従の姿勢をとるだけで、危険な罰を避けられるからだ。けれども、もしニッキーがラウトの騙しに納得しなかったら、何が起ころうと、彼を容赦なく打ちのめしていたはずだ。彼がどれほど従順にあやまろうが、どれほど正直に後悔の念を表現しようが、結果は変わらないのだ。オオカミでは、すべてがすぐに許され、忘れ去られるが、サルは悪意ある予謀に動機づけられ、そう簡単にはなだめられない。サルは自分の仲間に対して、オオカミなら決してできないほど、残酷に振る舞えるのである。

9

十八世紀のプロイセンの哲学者、イマヌエル・カントはかつてこう書いた。「わたしの上の星空とわたしの内なる道徳法則。わたしはこの二つのことに、感嘆と畏敬の念を抱いてやまない」。カントは当時としては、決して変わり者ではなかった。人間の思考の歴史を調べると、わたしたちが二つのことを他の何よりも評価していることがわかる。まず、自分たちの知能を高く評価している。たとえば、頭上の星空で起こっていることを理解させてくれる知能である。第二に、自分の道徳心を高く評価している。正しいことと不正に対する感性、善と悪に対する感性、道徳法則の内容を明らかにしてくれる感性である。この知能と道徳心こそが他のすべての動物とわたしたちを区別している、とわたしたちは信じている。これは正しい。

それでも、合理性と道徳心はアフロディーテーのように、完全に発達した形で波からやって来るわけではない。わたしたちの論理的な能力は驚くべきもので、他に類を見ないが、これもまた、暴力と快楽を得ようとする衝動の基礎の上に築かれた建物である。ニッキーでは道徳心の崩芽、原始的な正義感をほんのかすかに示すような徴候が見られる。ラウトがひどい仕打を受けずにすんだのは、ニッキーが彼を攻撃する十分な理由を見出すことができなかったからだ。

サルの中で最初に形成されるのが正義感であるのは、偶然ではない。もしサルが他のサルを攻撃し、その攻撃が悪意のある予謀をもって行われ、襲われる側が相手をなだめる身振りをしても回避できないのなら、このような攻撃があまり頻繁に起こらないことが重要になる。さもないと、群れはやがて崩壊してしまう。したがって、サルではその悪意と暴力的な性格のゆえに、一種の繊細さの、少なくとも崩芽が見られるのだ。ニッキーは、ラウトを攻撃するには適切な証拠で固められた理由が必要であることを、おぼろげながらも悟った。証拠は彼の攻撃を正当化し、攻撃を行使する権限をあたえる。理由、証拠、正当化、権限。真に卑劣な動物だけが、これらの概念を必要とする。その動物が不愉快であればあるほど、そして悪意に満ち、仲直りの方法に無関心であればあるほど、正義感を火急に必要とするのだ。自然全体の中で、サルはまったく孤立している。サルだけが唯一、道徳的な動物となる必要があるほどに不愉快な動物だからだ。

わたしたちがもつ最高のものは、わたしたちがもつ最悪のものから生じた。これは必ずしも悪いことではないが、この点をわたしたちは肝に銘じなければならない。

4 美女と野獣

1

子ども時代のブレニンが好きだったゲームは、ソファーやアームチェアーのクッションを盗むことだった。わたしが別の部屋、たとえば書斎にいると、ブレニンは口にクッションをくわえて、ドアのところに姿を現した。そして、わたしがブレニンを見たことがわかると、家中をかけ回り、居間やキッチンを抜けて、庭に出た。そのすぐ後ろをわたしが追う。これは一種の鬼ごっこで、かなり長い時間つづくことがあった。くわえた物を口から落とさせる訓練は、すでにしてあった。「アウト」という命令の機能の一つだ。だから、ブレニンにいつでもクッションを放させることはできた。でも、そうするには忍びなかった。それに、この遊びはとっても楽しかった。こうして、ブレニンは庭じゅうを走り回った。耳をねかせ、尾を低く落とし、興奮で目を輝かせて走り、その後ろをわたしがドタドタと追いかけた。ブレニンが生後三ヶ月になるまでは、捕まえるのはとても簡単だったので、わたしはブレニンの足が速くて追いつけない振りをしただけだ。けれども、追いつけない素振りは、だんだん現実となった。やがてブレニンはちょっとした揺すり《シミー》をするようになった。一方の方向へとフェインントをかけて、実際には別の方向に走るのだ。わたしがこのトリックを見抜いてからは、シミーはダブルシミーになった。こうして、最後にはこのゲームは二重フェイント、三重フェイント、フェイントの中に入れ子になったフェイントなど、フェイントの混乱になった。ブレニンはゲームに夢中になっているとき、自分が次に何をするかを知っていたとは思えない。当然、わたしも手がかりをつかめなかった。自明のことだが、こうしたブレニンのサイドステップ戦法はわたしのラグビー能力に奇跡をもたらした。わたしのラグビー戦法は常に、相手の周りを走り抜けるのではなくて、相手を跳び越すという考えを基本にしていた。だから、わたしは「ボッシャー」と呼ばれていた。この戦術はイギリスではうまくいったが、アメリカ合衆国ではあまり効果がなかった。アメリカではたいてい選手の体はわたしよりはるかに大きく、アメリカンフットボールの経験があるからだ。アメフトでは強烈なタックリングが行われる。けれども、選手たちを巻くのは簡単だったので、ブレニンから教わった技を使って、アメリカ合衆国南東部における、敏捷で、あらゆる攻撃をかわす魔人《デーモン》となった。

わたしがブレニンを捕まえることができなくなると、ブレニンはいささか生意気になり、それはやがて、ゲームを一新するという形で現れた。わたしが疲労困憊すると、ブレニンは目の前に立ち止まって、わたしたちのちょうどまん中にクッションを落とした。「さあ、取れよ」というメッセージだ。わたしが腰をかがめてクッションを拾おうとするその瞬間に、ブレニンは一跳びして、クッションをひったくり、追っかけごっこが新たに始まる。どれほどすばやく腰をかがめてクッションを取ろうとしても、ブレニンはいつもちょっとだけ、わたしより速かった。これは他のことにも応用できる、便利な能力だった。あるとき、ブレニンはちょうど焼けたばかりのチキンで同じゲームをした。わたしがちょっと目を離したすきに、キッチンから盗み出した。もちろん、チキンを口から放すようにと命令することはできた。けれども、そんなことは何の意味もなかった。ブレニンが口にくわえたチキンを食べる気にはなれなかったからだ。それで、わたしたちはチキンで追っかけっこを始めた。

プロの動物訓練士がわたしたちのゲームを見たら、ぞっとするかもしれない。実際、何人かの訓練士にそう言われた。彼らがこのゲームに反対するのには、二つ理由があった。まず、ゲーム自体がブレニンを興奮しやすくさせるが、こういう特徴はオオカミで助長すべきではないので、よろしくないという。次に、ブレニンは、わたしには捕まえられないのを見て、自分がわたしよりも身体的に優位にあると結論し、アルファーの地位を要求するだろう、と。これは原則的には当然の心配だ。けれども、ブレニンの場合にはこれは現実にはならなかった。このゲームが常に、はっきりした開始と終わりをもつ、明確に定められた儀式に則って行われたからだと思う。わたしは自分が居間にいる間は、ブレニンがクッションをもっていくことを絶対に許さなかった。ブレニンがそうしようとすると、かならず「アウト」の厳しい命令で阻止した。この経験からブレニンは、ゲームが一定の時間だけ許されることを知っていた。そして、ゲームはいつもはっきりした終了を迎えた。ブレニンに「オッケー、おしまいだ」と言い、クッションをもってきて地面に落とすように命令する。そしてわたしたちは家の中に入り、わたしはブレニンにおいしい物をあたえた。これがゲームの終わりを印象づけるとともに、ブレニンの方はゲームの終了から何か良いことを連想するようになった。

こうしたゲームはしばらくの間、とてもうまく行った。ところが、ブレニンは生後九ヶ月頃になると、ゲームのレベルをさらに上げることを決心した。ある朝、わたしが書斎で書き物をしていると、居間から一連の鈍い物音が聞こえてきた。クッションを庭に運ぶだけでは満足できなくなったブレニンは、アームチェアを運び出すのが名案だと思ったのだ。鈍い物音は、ブレニンがアームチェアを庭へと引きずり出そうとして、くり返しドアの枠にぶつけた音だった。この時点で、ブレニンの娯楽のためにはもっと根源的なアプローチが必要であることを悟った。状況をすべて考慮すると、ブレニンが常に体力を消耗させていることが、わたしたち両方にとって最適であるようだった。こうして、わたしたちはいっしょにジョギングをするようになった。

2

オオカミを暴れさせないために、常に疲れさせておくというのは、一つのアプローチではある。けれども、ちょっと考えてみれば、これがそう良い方法ではないことは明らかだ。確かにジョギングのおかげで、ブレニンは最初の頃は疲れた。わたしもだ。ただし、これはあまり重要ではない。庭に家具を引きずり出そうとしたのは、わたしではないのだから。一方、ブレニンはジョギングのおかげでますます丈夫になり、家と家財道具をいつでも荒らすことができる態勢になった。最初の頃は、ジョギングの後はぐったりして、残り時間をうたた寝で過ごしていたのだが、やがてジョギングは簡単な準備体操でしかなくなった。そのため、走る距離をますます長くしなければならなくなった。だがもちろん、ブレニンはそのおかげでますます丈夫になった。

読者には、わたしがどんなプランを練ったかが想像できるだろう。自転車は一つの選択肢だった。しかし、当時のアラバマでは、自転車は好意をもたれなかった。わたしはこの事実を、袋叩きになる寸前の出来事で身をもって知った。自転車で走っていたところ、ピックアップトラックに乗り、野球バットを手にした数人の酔っ払いレッドネック〔無学な白人の農園労働者を軽蔑的に表現する南部言葉〕に出会ったのだ。当時のアラバマでは、自分の体力を動力にして走るようなヤツは、左翼、共産主義者、ヒッピーの寝ションベンたれだけだ、とされていた。こんな理由から、自転車という選択肢は、あの時点で本気で試みたい方法ではなくなった。

それで、わたしはジョギングを続け、ブレニンもいっしょに走った。二人ともますますますコンディションが良くなり、ますますスリムに、ますます丈夫になった。新たに発見した自分のフィットネスへのこの実用的な刺激は、やがて別のものへと変わっていった。ブレニンといっしょにジョギングしているうちに、ある屈辱的かつ本質的なことを発見したのだ。わたしといっしょにいるこの動物が、たいていの重要な点でわたしよりも優れているという事実である。それは疑いの余地なく実証できることであり、不変かつ無条件にそうだった。この認識は、わたしの人生の分岐点になった。わたしは自信満々の男だ。もし他人がわたしのことを傲慢でないと思っているなら（たぶん、傲慢だと思っているだろう）、それはわたしが傲慢さをうまく隠しているからにほかならない。だから、それまで他の人間を前にしてこのような気持ちになった覚えはない。これはまったく、自分らしくなかった。それでも今、自分が自分のようではなくて、ブレニンのようでありたいと思っていることを悟ったのだ。

この認識は根本的には審美的なものである。わたしたちがジョギングをするとき、ブレニンはイヌでは一度も見たこともないような優美さと無駄のない動きとをもって、地面を滑空するように走った。イヌが走るときには、足取りがどれほど洗練されスムーズでも、足の動きには常に垂直方向の小さなベクトルが見られる。イヌを飼っている人は、次の散歩でじっくり観察してみるとよい。足が前方へと動くときに、たとえわずかではあっても、上下にも動く。そして、足のこの動きが肩と背中に伝わる。イヌが足を前に出すたびに、肩と背中が上下に揺れるのが見られるはずだ。犬種によって、この動きがはっきりしている場合もあれば、ほとんど目につかない場合もある。けれども、十分に注意深く目をこらせば、いつもそうなのが見てとれる。ブレニンでは、そのような動きはまったく見られなかった。オオカミは体を前進させるために、踵と大きな足を使う。脚自体の動きははるかに小さく、脚はまっすぐに伸ばされたまま前後に動き、上下には動かない。だから、ブレニンが走るとき、その肩と背は平らで、同じ高さに保たれた。遠くから見ると、ブレニンが地面から数センチの高さのところを浮いているように見えた。ブレニンがとくに幸せな気分だったり、喜んでいるときには、この動きが大げさな跳躍へと変わった。それでも、ふだんの動きは滑空のようだった。ブレニンはもう生きていないので、その姿を想像しようとすると、具体的で生き生きした描写に必要なディテールを思い浮かべるのはむずかしい。それでも、ブレニンの本質は今もわたしのために存在している。今でも見ることができる。アラバマの早朝、霧の中を苦もなく、音もたてず、なめらかに悠然と地面の上を滑空する、幻のオオカミだ。

その隣を走るサルは、やたらに雑音をたて、息をハーハーさせ、足取りも鈍かった。この対照はあまりに明瞭で、がっくりとする。わたしだって、軽く走れるようになりたかった。地面の数センチ上を浮かぶように、滑空したかった。けれども、どんなにうまく走れるようになっても（実際、とても上達した）、滑空できるようにはなれないだろう。アリストテレスはかつて、植物の魂と動物の魂を区別したことがある。それによると、植物の魂は栄養のためだけのもので、食物の摂取、加工、排泄の機能しか果たさないという。一方、動物の魂をアリストテレスは、動く魂と呼んだ。アリストテレスが動物の魂を動きと関連づけたのは、偶然ではないと思う。学生のときに教わったのとは違って、アリストテレスは単に、植物は動かず、動物は動きまわると言いたかったのではないと思う。そもそも、アリストテレスは月並みなことは好まなかったからだ。いや、話を戻して、もしオオカミの魂、オオカミをオオカミたらしめている本質を理解したいなら、オオカミの動き方を見るべきだと思う。サルが不機嫌に、不恰好にせかせかと動くのは、その性急さの背後に隠された気むずかしくて不恰好な魂の表れである。そのことを、わたしは哀愁と遺憾の念をもって、悟るにいたった。

このような、種の間にあるいささか不幸なねたみはあっても、わたしの身体は急速に変身を続けた。ブレニンは一歳のとき、肩の高さが八十六センチ、体重が五十四キロだった。その後、すっかり成長したときには、肩の高さはさらに二・五センチ伸びており、体重はさらに十四キロ増えていた。ブレニンは信じられないほど強かったので、わたしも強くならなければならなかった。わたしのアルファ地位にブレニンがチャレンジするのを許すわけにはいかなかったし、他のイヌたちの近くでは、ブレニンに行き過ぎた行為をさせないようにする責任があった。ラガーとのような事件がまれになった第一の理由は、ブレニンがわたしの命令に従ったからだ。この力関係は決して変わってはならなかった。それで、毎週五日、二時間だけブレニンをベビーシッターに預けて、フィットネススタジオに通い、これまでの人生でもっとも激しいトレーニングをした。ブレニンが一歳、わたしが二十七歳のとき、わたしは身長が一・七五メートル（これは十二歳のときから変わっていない）、体重が九十一キロだった。体脂肪率は八パーセント。ベンチプレスは一四三キロを達成した。

このほか、少なくとも五十四キロのアームカールができたはずだ。これはスタジオで知ったのではなく、ブレニンをイヌから引き離す方法から推測できた。前にも書いたように、真剣勝負はまれだったが、いつ闘いがキックオフしそうになるかは、かなり正確に予想できた。その徴候が見えると、ブレニンのえり首の両側をつかんで、地面からもち上げ、その顔をわたしの顔につき合わせた。そして、その琥珀色の目をのぞきこんで、「おまえ、おれと一勝負したいのか、おい」とささやいた。これはもちろん、ひどくマッチョ的に聞こえる。実際、そうかもしれない。毎週、毎週、四、五回もフィットネススタジオに出かけていると、大量のテストステロンが体じゅうにほとばしるのだ。それでも、ここにはマッチズムだけでなく、ある方法も込められている。オオカミの親が子どもを運ぶときには、えり首をくわえる。そうすると、子どもはもがくのをやめて、運ばれるままになる。だから、このようにしてブレニンをもち上げることで、わたしがブレニンとの関係では父親役をつとめており、ブレニンは抗うのをやめるべきだという事実を強調するのだ。ブレニンは何が起こっているかを正確に知っていたと思う。わたしはブレニンに理解しやすいシナリオを示し、ブレニンが何をもくろんでいようと、このシナリオはそれに明白な終止符を打ったのだから。とはいえ、ブレニンが積極的に協力したからこそ、この方法は機能した。ブレニンは少なくともわたしと同じくらい背が高かった。だから、わたしがえり首をつかんだとき、ブレニンが後ろ脚をちぢめてくれたからこそ、その体を地面からもち上げることができたのだ。その姿は、手品師の帽子から出されるウサギのようだった。

3

アラバマの長くて、極端に蒸し暑い夏のある午後、わたしはジョギングに出かけることにした。だが、いつもと違って、ブレニンを家に残すことにした。ここ二、三日、調子がすぐれなかったので、蒸し暑さにさらしたくなかったのだ。ブレニンはわたしの決断に猛反対で、不満を隠そうともしなかった。わたしはガールフレンドに世話を頼んで、ブレニンを家に残して出かけた。

けれども、ブレニンは手短に試行錯誤をした後にはもう、庭のゲートを開けてしまった。ゲートの蝶番を壊しただけだった。そして、わたしの後を追いかけてきた。わたしたちのジョギングには決まったルートはなく、日ごとに違ったコースをたどったので、ブレニンはわたしの臭いの跡をたどったらしい。

ジョギングをスタートしてからほぼ十分たったころ、ブレーキが軋む音に続いて、大きな、胸の悪くなるような衝突音が聞こえた。振り返ると、道路の上にブレニンが横たわっていた。シボレ・ブレーザーに衝突されたのだ。アメリカ人でない読者に説明すると、シボレ・ブレーザーはSUV〔スポーツユティリティー・ヴィークル〕である。ヨーロッパならヴォクスホール・オペル・フロンテラに相当するタイプの車だ。ただし、アメリカで売られているブレーザーは、それより大きい。この車は事故の直前に、推定時速七〇から八〇キロでわたしとすれちがっていた。

ブレニンは数秒間、横たわったまま遠吠えをあげた。わたしは息が止まりそうになった。それからブレニンは体を起こすと、道路わきの林に入っていった。わたしは一時間近くもかけて、やっとブレニンを見つけた。けれども、見つかったときには、体にほとんど異常はなかった。かかりつけの獣医ジェニファーは、いくつかの切り傷と打撲傷はあるが、骨折はしていないと保障してくれた。そして、一、二日後にはブレニンはすっかり回復した。実際のところ、車が受けた被害の方が大きかった。

ブレーザーがわたしにぶつかっていたら、わたしは死んでいただろうが、ブレニンの肉体的な傷は数日で治った。それに精神的な傷はまったく負わなかったようだった。翌日にはもう、ジョギングに連れていってとせがんだほどで、道路ですれちがう車にわずかでも恐怖を示すことはなかった。ブレニンは肉体的にも精神的にも、とても頑丈で精神が安定した動物だったのだ。次の話を読むときに、この点を心に留めておいていただきたい。

わたしたちはジョギングを再開したが、この話は数年後に起こった出来事だ。わたしたちはアイルランドのコークに引っ越しており、リー川の土手をいっしょに走っていた。リー・ヴァレー公園を出て、リー川沿いにある牧草地に向かった。たいていの人は、ウシが鈍感で頭の悪い動物で、ひどい臭気の中に立ち、咀嚼し、どこかを見つめて過ごすだけの生活を送っていると思っている。ブレニンとわたしはそうでないことを知っている。ときどき、太陽がある正しい位置にきて、風が夏の訪れのきざしを運んでくると、ウシたちは自分が何者であるかを忘れる。一万年もの選択的な育種が何のために行われてきたのかを忘れて、踊り、歌って、今日のこの日に生きることの喜びを表現する。

ウシたちはブレニンをことのほか好きだったようだ。ブレニンもまた、その感情のお返しをした。今日のような春の日、ウシたちはわたしたちを目にすると、ウシたちから子牛が強引に引き離されたためらしかった。こモーモー鳴きながら挨拶した。これは、ウシたちから子牛が強引に引き離されたためらしかった。このウシたちは雌の乳牛で、ブレニンを自分たちの仲間とまちがえ、失われた息子が故郷の草原に戻ってきたと思ったのだろう。もしかしたらブレニンは、ウシたちが自分のことを神、ウシの神として崇めてくれたと信じたかもしれない。理由はどうあれ、ブレニンはウシたちの方へと走り、牛の大きくて湿った鼻を順番になめた。イヌは好きではなかったかもしれないが、ウシのことは本当に好きだった。

放牧地には、ウシが出られないように、電気柵が張りめぐらされていた。ジョギングの帰り道、わたしはブレニンの首輪をつかんだ。大きなセント・バーナード犬のパコが前方に見えたからだ。ブレニンはその頃でも、大きな雄イヌには敵対的な態度をとっていたので、両者の間に割って入らなければならない事態を避けたかった。わたしはブレニンの首輪をもちながら、身をかがめて電気柵の下をくぐり抜けようとした。そのとき、わたしの肘が柵に軽く触れて、電気ショックがブレニンへと伝わった。すると、ブレニンは日ごろの威厳はどこへやら、ウシの神というよりも火傷したネコのように逃げ出し、いささか仰天しているパコのそばも通り過ぎて、一目散に駆けていった。そして、約三キロ離れた場所にとめてあった車まで走りつづけた。わたしが心配しながら、息をぜーぜーさせながらやっとのことで車まで戻ると、ブレニンが待っていた。

それまでわたしたちは一年近く、雨の日も風の日もほとんど毎日のように同じ道を走っていたのだが、この出来事があってからは、ブレニンはこれを断固として拒否した。わたしが頼んでもだめだったし、賄賂を使っても、強制しても、その決心を変えることはできなかった。電気ショックはオオカミにはかくも恐ろしいものらしい。電気は大嫌いなのである。

ブレニンはちょっと大げさだ、と思われるかもしれない。とどのつまり、弱い電気ショックを受けただけなのだと。そういう印象を受けたのなら、シボレーのブレーザーのことを考えていただきたい。ブレニンにとっては、弱い電気ショックの方がSUVにはねられるよりも、はるかに恐いらしいのだ。

4

人間の邪悪がいかにむき出しで、巧妙で、恣意的であるかを知りたかったら、「シャトルボックス」を見ればよい。この拷問装置はハーバード大学の心理学者、R・ソロモン、L・カミン、L・ワインによって発明された。この箱は仕切り板で二つの区画に分けられている。両方の区画の床は金網の格子でできていて、電流を流すことができる。ソロモンたちはイヌを片方の区画に入れて、足に強い電気ショックをあたえた。本能的にイヌは仕切りを跳びこえて、隣の区画に入った。通常の実験では、この過程が数百回もくり返された。けれども、仕切りがだんだんに高くされたので、イヌは回を追うごとに、高くジャンプしなければならなかった。最終的にイヌは跳びこえることができなくなり、電流の流れている床に落下した。息を切らし、体を痙攣させ、泣き叫ぶボロボロのイヌとなって。別のタイプの実験では、両方の区画の床に電流が流された。イヌはどちらの区画にジャンプしようと、電気ショックを受けた。それでも、痛みがあまりに激しいので、無駄な試みではあっても、イヌはショックを逃れようとする。つまり電流が流された両方の区画の一方から他方へとジャンプしつづけたのだ。

研究者たちはこの実験について書き、イヌが「先を見越したかのように鋭いキャンキャン声」を出し、「電流の流れる格子に着地したときには、その声は金きり声の悲鳴になった」と描写している。最終結果はいつも同じだ。イヌは、尿と糞をたれ流し、悲鳴をあげ、ふるえ、消耗しきって床に横たわるのだ。このような実験がさらに十日から十二日も続けられると、イヌはショックにもはや抵抗しなくなる。

ソロモンたちがこの実験を自分の家でしていたら、告発され、罰金刑を受け、おそらくは五年から十年の間はペットの飼育を禁止されていただろう。こんな人は禁固刑にすべきだったのだ。だが、彼らはこの実験をハーバード大学の実験室で行ったので、罰されるどころか、学者としての成功というあやしげな装飾で報われた。快適な生活、気前のよい給料、学生たちからの尊敬、大学の同僚たちからの嫉妬など。イヌの拷問によってキャリアを積み、これをまねる者たちの大きな一派をつくりだした。このような実験は三十年以上も続けられた。中でも一番有名な模倣者であるマーティン・セリグマンは最近まで、アメリカ心理学会の会長をつとめた。セリグマンは今ではこのような実験はしていない。今は、幸福が彼の関心事だ。もちろん、イヌは自分を幸福にしてくれるような実験には参加させてもらえない。おぞましい実験にだけ参加が許されているのだ。

なぜ、このような拷問が許されたのだろう。なぜ、これが貴重な研究だとされたのだろう。この実験は、いわゆる「学習性無力感」という鬱病モデルを構築するために考えられた。これは、鬱病が学習で習得されることがある、という仮定にもとづいている。しばらくの間、心理学者たちはこの実験結果が大きな意味をもつと考えていた。ただし、これらの実験は人間にはまったく役に立たなかった。三十年にわたって、イヌその他さまざまな動物が電気ショックの死刑を受けた後、この鬱病モデルは慎重な吟味には耐え得ない、という結論が下された。

だが、このような実験からは、人間の邪悪を理解するのに役立つ認識が得られるように思われる。

5

邪悪《イーヴェル》はこのところ、厳しい時代に直面している。邪悪なものがあまりない、という意味ではなく(現実はその反対だ)、インテリと称する人々が邪悪の存在を認めようとしたがらない、という点においてである。邪悪は中世の遺物で、時代遅れだからだという。邪悪は悪魔に由来する超自然的な力で、悪魔は男女の心に邪悪を植えつけて、その悪魔的な仕事を果たしたというのだ。

だから今日、わたしたちは邪悪という言葉に引用符をつける傾向がある。このいわゆる「邪悪」はなんらかの精神的な病の結果、つまり医学的な問題とされるか、なんらかの社会の病、つまり社会的な問題だとされる。そこから、二つのことが起こる。まず、「邪悪」は社会の辺縁にだけ、すなわち精神的または社会的に不利な立場にある人においてのみ存在する、と見なされてしまう。二番目に、邪悪は誰の罪でもない、とされてしまう。「邪悪な」行為と呼びたくなるようなことを誰かがしても、その人に行為の責任をとらせることはできないとされる。そういう人は精神的に病んでいるか、社会的な状況が彼らにチャンスをあたえなかったのだからと。こうした人は医学的または社会的には機能障害をもっているかもしれないが、道徳的には邪悪ではない、邪悪が見かけどおりであることはない、邪悪は常に別のものなのだとされるのだ。

わたしは、すべて誤っていると思う。現代的な（啓蒙されたとされる）邪悪の概念には、本当に重要な点が欠けている。といっても、邪悪を超自然的な力と見なす、中世の概念を弁護したいのではない。邪悪の現代的な概念をなす二つの主要な仮説、すなわち、これが社会の辺縁にのみ存在し、誰の罪でもないという見方は、支持できないと思うのだ。そのかわりに、嘘かと思うほど単純な概念を読者に薦めたい。まず、邪悪はあらゆる悪事に存在する。第二に、邪悪な人というのは、一定の失敗（不履行）のために、非常に悪いことをする人のことである。

まず、わたしたちがどのようにして、邪悪の観念にこうも猜疑的になったのか、それを理解しようとするところから始めよう。邪悪にたいする現代の猜疑は、邪悪な行為をするのは邪悪な人だけであり、邪悪な人は邪悪な動機にかられて行為するのだ、という考え方の上に立っている。そして、もし人が自分の動機をコントロールできないなら（病気だったり、社会的な適応ができていないために）、自分の行為もコントロールできないはずだ、と考えるのだ。

邪悪な行為と邪悪な動機のこうした結びつけは、偶然になされたわけではない。これはもともと中世に下された区別、すなわち「道徳的な」邪悪と「自然な」邪悪の区別にさかのぼる。トマス・アクイナスのような中世の哲学者は、邪悪（彼らによれば、痛みとか苦しみなどに類する現象）には二つの異なる原因、すなわち自然の出来事と人間による働きかけがある、と考えた。地震、洪水、台風、病気、干ばつその他は、長く続くひどい苦しみの原因になる。このような原因で起こる痛みや苦しみを中世の哲学者は自然な邪悪と呼び、これを人間の働きかけ、つまり人間がおこなう邪悪行為を原因とする痛みや苦しみから区別した。後者は道徳的な邪悪と呼ばれた。しかし、働きかけの観念（行為の観念）には、動機や意図が含まれている。地震や洪水には動機はない。これらは行為ではない。ただ起こるだけだ。一方、人間は行動することができる。何かをすることができる。といっても、何かをするには、単に自分に何かが起こるのとは違って、動機をもって行動しなければならない。階段から落ちるというのは、何かをすることではない。何かが起こっただけだ。真の行為には動機が必要なのだ。だから人々は、邪悪な人間というのは、邪悪な動機から行動する人のことだと結論したのだ（必ずしもそう結論する必要はなかったが）。

その結果、非常に主知的な〔状況や感情を無視して知的に判断された〕道徳的な邪悪の概念が生まれた。この好例を示したのは、友人で現在もっとも優秀な哲学者の一人、コリン・マックジンである。彼は道徳的な邪悪とは、本質的には一種のシャーデンフロイデ、つまり他人の痛み、苦しみ、不運をいい気味だと喜ぶことだと理解した。これは、邪悪を理解するうまい方法だと思われる。他人の痛み、苦しみ、不運を喜ぶのは、確かに邪悪ではないだろうか。それに、こういうことをするタイプの人間は、確かに邪悪な人間の好例ではないだろうか。それでも、実際にこの考え方が機能するとは、わたしは思わない。

ある若い娘が小さな頃から性的児童虐待の犠牲となった。何年もの長い間、父親によってくり返しレイプされたのだ。読者はこれを読むと、当時のわたしと同じように愕然として、母親はそんな事態の中でいったい何をしていたのだ、と問うだろう。何が起こっているのか、気がつかなかったのだろうかと。これに対する少女の答えは、骨の髄まで凍るようなもので、今でもこのことを考えると、心が凍る。父親が酔って帰宅し、悪態をつき、喧嘩ごしになると（彼女の家では頻繁に起こる出来事だった）、母親が少女に「お父さんのところに行って、なだめてきておくれ」と命令したというのだ。わたしは、人間の邪悪のイメージを心にしっかり留めておかなければならないときには、この女性、娘に父親の部屋に行って父親をなだめろと命令したこの女性のことを思い浮かべることにしている。

ここには二つの邪悪行為が関わっている。父親によってくり返し行われたレイプ、そして母親の積極的な共謀だ。そして、この二つのどちらの方がより悪いと考えるかは容易ではない。確かに、母親も犠牲者であった。だからといって、彼女が父親より邪悪でなかったと言えるだろうか。彼女は自分の娘の体を取り引きした。将来、娘の幸せのどんなチャンスもほぼ確実になくなってしまうはずなのに、怪物のような夫からの一時的な解放と引き換えに、娘の純潔と幸福への展望を売ったのだ。もちろん、母親の邪悪は恐怖によって焚きつけられたのであって、娘の苦しみや不幸を喜ぶためではないと推測しなければならない。それでも、母親の行為が想像できるかぎりの邪悪をもっていたことには変わらない。犠牲者が邪悪であるはずがないと思っているのなら、この点を考えてみさえすればよい。父親と母親の両方が邪悪でないというなら、誰が邪悪であろうか。

ところが、どちらの場合もこの邪悪は、動機という観点では適切に理解できない。少なくとも、マックジンが決定的に考えたような類の動機では、理解できない。少女の父親の動機が何であったのか、誰が知っているだろう。父親は自分の行為が邪悪であることを承知していたかもしれないし、承知していなかったのかも知れない。彼が承知していなかったと仮定してみよう。これが家族生活のまったく自然な側面なのだと思っていたと(もしかすると、自分自身が似たような状況で育ったという理由で)。彼はこれが単に物事の成り行きなのだと思ったのかもしれない。娘に対して絶対的な支配を行使することが、娘を世の中に出す父親としての権利、自分の創造物に対する創造者の権利だと思ったのかもしれない。娘のためを思って、将来の性生活の準備を(もちろんできるだけ教育的な形で)してやったのだと思ったのかもしれない。

わたしに言えるのは、父親がどう思ったかなどはどうでもよい、ということだけだ。彼の動機を推測する必要もまったくない。たとえ彼が、自分は何も悪いことはしていないと思ったとしても、たとえ彼が、自分は正しいことをしたと思ったとしても、それで彼の邪悪が少しでも小さくなるわけではない。彼の行為が、想像し得るもっとも邪悪な行為である点は変わらない。

人はこの母親のように、自分が守るべき者を守る義務を怠ったために、邪悪になり得る。そこでは、その人がどれほど脅威を感じていたかは重要ではない。わたしたちは先に、父親の動機をまったく推測の域を出ない形で再現したが、このような動機をもつ父親のように、人は邪悪になり得る。どうしようもないほど愚かだからだ。けれども、どちらの場合もその邪悪は、他人の痛み、苦しみ、不運に、喜びを感じることとは関係がない。意図的な卑劣な行為は、邪悪の本質とはほとんど関係がないのだ。ただし、邪悪な行為において、そうした卑劣さが何の役割も果たしていないというわけではない。明らかにそのような事例もある。わたしが指摘したいのは、そうしたケースは比較的まれだという点だ。

それでは、少なくとも想像の中で、少女が苦しんだ時点から数年後へと飛躍して、両親の判決へと進んでみよう。父親も母親も結局、逮捕され、刑量が十分かどうかは議論の余地があるかもしれないが、刑が下されたと仮定しよう。このような状況では、娘が感情的にどのように反応するか、わたしには定かでない。おそらく、さまざまな気持ちが混ざり合うのではないだろうか。けれどもここでは、そうではなかったと仮定しよう。たとえば、彼女はすっかり喜んだと仮定しよう。といっても、両親が長い服役中に、彼らに必要な精神治療を受けて立ち直るから、という理由からではない。また、両親が他の人に対してもはやこんなことはできないからという理由で、娘が喜んだわけでもないと仮定しよう。さらには、両親が罰を受けたことが、他の小児性愛者に威嚇的な効果をもつからという理由で、彼女が喜んだのでもない。そうではなく、彼女はもっとずっと単純で基本的な理由、すなわち復讐心から喜んだのだと仮定しよう。

娘は、父親が単に自由の剝奪という罰を受けるだけではなく、刑務所で房を共にする囚人がソドミーとレイプを好む大男だったために、自分がした仕打のひどさを身をもって知ることになるようにと、願ったと仮定しよう。これは邪悪な願いだろうか。このような願いをもつ彼女は邪悪な人間だろうか。わたしはそうは思わない。彼女の復習への願いは悲しむべきものであるかもしれない。これは、彼女が慢性的な精神障害を負っている証拠で、この障害のために、もはや本当に正常な生活を営めないのかもしれない。もしかしたら。けれども、このような状況にあるこの女性を、邪悪だと言うことはできない。邪悪な人々の不運を喜ぶのは、あなた自身がその人々のせいで苦しまなければならなかった場合には、たとえこれが道徳心の発達と成熟の輝かしい例ではないとしても、邪悪からは遠く離れている。

このように、マックジンの主張とは反対に、シャーデンフロイデは邪悪な人間になるための必要条件でも十分条件でもない、とわたしは思う。必要条件でないのは、たとえ人が他人の痛み、苦しみ、不運を喜ばなくても邪悪になれるからだ。この母親と同じように、自分の義務を果たさないことで邪悪になれる。そして、この父親と同じように、先に推測的に再現したような（事実に反するかもしれない）動機から、そして徹底的に愚かなことを考えたために、邪悪になれる。シャーデンフロイデは邪悪な人間になる十分条件でもない。邪悪な他人の痛みを喜んだからといって、しかもとりわけ、自分がその人たちのために苦しんだ場合には、邪悪な人間になるわけではないのだ。

もしわたしが、先のソロモン、カミン、ワインの実験を性的虐待を受けた少女のケースといっしょに述べたら、多くの人はショックを受けるかもしれない。まるで少女の苦しみが、なんらかの形で縮小されるみたいに思うかもしれない。けれども、こういう反応は論理的には何の根拠もない。これら二つのケースはお互いに並行している。両方とも、非常に悪いこと、わたしたちのほとんどが想像もできないような規模の痛みと苦しみの存在を特徴としている。そして、このような非常に悪いことは、実行者の側による、ある種の不履行の結果として起こったのである。その不履行は、究極的には義務の不履行である。ただし、ここには二つの異なった不履行が関わっている。

その一つは、道徳的な義務を果たさないという不履行だ。ここで問題にされている義務とは、身を守ることができない者を守る義務である。相手を劣った存在と見なして、だから犠牲にしてもよいと考えているような人間から自分を守ることができない者を、守ってあげる義務だ。もし、これが基本的な道徳的義務でないのなら、何が道徳的な義務であろう。先に述べた母親は、この義務を果たさなかったという点で罪がある。彼女が夫を恐れていたのは確かだから、その点で罪は軽減してもよいだろうが、だからといって、無罪にすることはできない。

けれども、これとは別の類の義務も関係している。哲学者が認識的義務と呼んでいるものだ。これは、自分の信念を適度に批判的に検討する義務だ。入手できる証拠をもとに、自分の信念が正しいかどうかを検討し、その正当性を無効にするような証拠がないかどうかを、少なくとも確かめようとする義務である。今日、わたしたちは認識的義務をほとんど評価しない。あまりに尊重されないために、たいていの人はこれが義務だとは思っていない（そして、このこと自体が認識的義務の不履行である）。先にわたしたちが再現した父親の動機（納得のいかない再現かもしれないが）を考えると、父親にはこの種の不履行の罪がある。

ソロモン、カミン、ワイン、そして多数の模倣者たちの例でも、同様の義務の不履行が見られる。もちろん彼らは、愚かで不当な信念をもっていた。たとえば、イヌを電気で拷問にかければ、人間の鬱病の本質、その多様な原因、因果関係、症候群についてなんらかの興味深いことが明らかになる、という信念だ。だが彼らはまた、道徳的な義務を無視もした。知覚や意識のある無力な生き物を、たいていの人間なら想像できないほどの苦しみから守る、という道徳的な義務だ。

わたしたち人間に世界の邪悪が見えないのは、輝かしくキラキラとした主題に気を取られ、その下に隠れている醜いものに気がつかないからだ。このような形で気を取られるのは、人間特有の誤りだ。さまざまな形や外観をもつ邪悪を入念に見れば、そこには必ず認識的な義務と道徳的な義務の不履行が見つかると思う。わざと相手に痛みや苦しみをもたらそうとする意図的な邪悪とか、それを楽しむ邪悪は、まれな例外でしかない。

ここから、重要な結論が出てくる。すなわち、わたしたちが想像したり認めたりする以上に多くの邪悪な行為があり、邪悪な人間がいる、ということだ。邪悪を病気とか社会生活での衰退との関係で考えると、邪悪が社会の辺縁に存在する、何か例外的なものだと思ってしまう。だが実際には、邪悪は社会のあらゆる領域に入り込んでいる。邪悪は虐待する父親やその共犯者的な母親についてまわる。けれども、特権をあたえられた幸福なハーヴァード大学の心理学者、精神の領域における専門家とされる人、人類のためにつくすという気高い意志からだけ行動すると思われている人にも、邪悪はついてまわるのだ。わたしは邪悪な行為をした。とてもたくさんした。あなたも同様だ。邪悪は日常的で、月並みだ。邪悪は陳腐なのだ。

アードルフ・アイヒマン裁判についてのすばらしい議論の中で、ハンナ・アーレントは悪の陳腐さという考え方を導入した。アーレントによると、ユダヤ人収容所の司令官としてアイヒマンが犯した犯罪は、捕虜を痛めつけたいとか、侮辱したいという欲望から出たものではないという。アイヒマンにはそのような欲望はなかった。むしろ、彼の邪悪な行為は、犠牲者に対してエンパシー（他者がどう感じるかを共感すること）を抱くことができなかったこと、自分の信条や価値観を適切に検討できなかったことからくると、アーレントは指摘した。

邪悪が陳腐であるという点では、わたしはアーレントに同意する。けれども、これはわたしたちの能力のなさというよりも、意志のなさによるものだ。ソロモン、カミン、ワインの側に、自らの信念を検討する能力がなかったわけではない。彼らはそうする意志がなかっただけだ。あのイヌたちが将来、拷問をかけられないように守る能力がなかったわけではない。彼らには守る意志がなかっただけなのだ。

イマヌエル・カントはかつていみじくも、「……すべき」には「……できる」という意味も含まれているとと言った。人が自分は何かをすべきだと言うときには、その人がそれをすることができる、という意味も含まれていると。逆に人が何かをすべきではない、と言うなら、そこには、その何かができないという意味も含まれている。わたしたちが邪悪の陳腐さを能力のなさに帰してしまえば、あまりにも都合のよい言い逃れが手に入る。物事を、自分が実際にしたようなやり方以外ではどうせできなかったのだからと。「……できなかった」はわたしたちを罪から逃れさせてくれる。それでも、わたしたちはそう簡単に許されるものではないと思う。

道徳的な義務にしろ、認識上の義務にしろ、能力のなさというよりも意志のなさからくる義務の不履行から、世界のほとんどの邪悪行為は起こっている。けれども、邪悪にはさらにもう一つの構成要素があり、これなしではどちらの義務の不履行も邪悪にはいたらない。この要素とは、犠牲者の無力である。

6

本章の全体的な流れが、前章で述べたサルのユニークさの議論とはあまり合わないことには、読者も気づかれたであろう。前章では、サルが、あることを世界にもたらしたのは疑いもないと述べた。そのあることとは、お互いに対する行動を駆り立てる、悪意のこもった意図である。そうすると当然、人間の邪悪はまごうことなく、意図的な悪だくみの産物だと考えたくなる。しかし、本章でわたしは、人間がもたらす邪悪のほとんどは悪だくみの結果ではなくて、道徳的な義務や認識的な義務を果たそうとする意志が欠けた結果だと述べてきた。わたしたちは自分たちの邪悪についての話のやっと半分までできたばかりであるから、サルの発明を話に入れるにはまだ十分に時間がある。意図的な悪意が人間の邪悪な行為で重要な役割を果たしているのは確かだ。といっても、行為の実行そのものにおいてというよりも、むしろ、行為を実行できるように場を整えるところにおいてである。サルの悪意、そしてとくに類人猿の悪意は、相手に無力さをつくりだすことに見られる。これによって、類人猿は自分自身の悪意の可能性を創出するのだ。

先に挙げたイヌたちは、父親に虐待された娘と同じように無力だった。子どもは生まれつき無力であるが、イヌは無力であるようにつくられてきた。ソロモン、カミン、ワインは、自分たちが習得された無力状態という現象を研究しているのだと思い込んでいたが、実際には無力な状態を自らつくりだしていた。これは皮肉に思えるかもしれないが、ここには皮肉はなく、あるのは意志だけだ。人間の無力を研究するために、研究者たちはまず、イヌに無力な状態をつくりださなければならなかったのだ。

チェコの作家、ミラン・クンデラは『存在の耐えられない軽さ』(Milan Kundera: Nesnesitelná Lehkost Bytí. 邦訳・集英社文庫。ただし引用は今泉訳)の中で、人間の善の性質について、基本的に重要で正しいと思われることを述べている。

人間の真の善は、力をまったくもたない人に対してのみ、純粋かつ自由に発揮されることができる。人間性の真の道徳性を試すテスト、もっとも根源的なテスト(これはあまりに深いところに根ざしているので、わたしたちは気づかない)は、自分にすっかり身をゆだねている者、すなわち動物との関係で見られる。そして、まさにここに人間の根本的なしくじりが存在している。これはあまりに根本的なので、他のすべてのしくじりはここから導き出される。

もしわたしたち人間が動機をこれほど過度に重視するなら、そしてこうした動機が、その下にある醜い真実を隠す仮面でしかないのなら、人間の善を理解するためには、これらの動機を引きはがさなければならない。もし、他者が無力なら、そういう無力な人を礼儀正しく、敬意をもって扱う利己的な動機をわたしたちはもたない。そういう人はわたしたちを助けることもできないし、阻止することもできないから、無力な人を恐れる必要もないし、彼らから支持される必要もないからだ。そのような状況では、無力な人を礼儀正しく、敬意をもって扱う唯一の動機は、道徳的な動機である。それが正しいことだから、無力な人をそのように扱うのだ。自分が正しいことをする人間だから、そうするのだ。

人がどういう人間かを判定するとき、わたしは常に、その人が自分よりも弱い人間をどう扱うかを目安にしている。その人がレストランで食事をする金持ちであれば、彼がウェイターやウェイトレスにどういう態度をとるかで判定する。管理職にある人間なら、その人が部下をどう扱うかを見て判定する。この方法を使うと、ある人間について多くのことが探り出せる。けれども、ここでもテストが絶対に正確だというわけではない。侮辱されたウェイターは唾を吐くかもしれないし、もっとひどい場合には、客のスープに唾を吐くかもしれないのだから。社員がお粗末な仕事をしたために、上司自身がさらに自分の上司とトラブルになることもある。それでも、ある人物が自分よりも弱い人を扱う様子を見ることで、その人についての重要なことを探り出せる。だが、ある人について、もっとも多くのことが分かるのは、その人がまったく力のない、無力な者をどう扱うかを見ることによってだ。そして、クンデラが指摘するように、一番明白にこのような無力な状態にあるのは、動物である。

皮肉なことに、人間の魂の暗い側面を象徴するとされてきた動物にしては、ブレニンはクンデラのテストに照らせば、それほど悪いわけではない。ブレニンの闘いは、残酷で血なまぐさかったが、相手のイヌは常に大きく、攻撃的で、ブレニンと同じくらい荒っぽかった。言い換えれば、ブレニンの闘争相手は、ブレニンが実際に脅威を感じたか、脅威となる可能性があると感じたイヌだった。こうしたイヌの多くをわたしは知っていた。飼い主が、わたしのラグビー仲間かその友だちだったからだ。中には、ガラスの向こう側にいるイヌと闘えると思ったら、ガラス板を頭でぶち割ることも辞さないようなイヌもいた。こうしたイヌたちが実際の、あるいは潜在的な脅威だったことは、単純で客観的な事実なのだ。

ブレニンは、自分よりも明らかに弱いイヌに対しては無関心であるか、一風変わった親愛さをもって扱った。生後六ヶ月の雄ラブラドール・レトリーバーが、遠くからブレニン目がけて突進してきたのを覚えている。飼い主が絶望的な面持ちでその後ろを追いかけてきた。ラブラドールは興奮しながら、ブレニンの体のあちこちに跳びついた。ブレニンはふつう、こういうことをされるのを嫌がった。けれども、このラブラドールには手の下しようもなかった。ついにブレニンは、ラブラドールの頭をすっぽり口の中におさめると、やさしく押さえて、おとなしくさせようとした。飼い主の顔は見ものだった。ばら色のノスタルジーのために、わたしはブレニンの良い面ばかりを見ているのかもしれない。それでも、思い出せるかぎりでは、クンデラのテストで判定されるブレニンの道徳的な評価は、ほぼ無傷だと思う。

人間の善が、力をもたない者との関係でのみ表現されるのとまったく同じように、弱さ、あるいは少なくとも相対的な弱さは、人間の邪悪にとっての必要条件である。そして、ここにこそ人類の根本的な誤りが見られると思う。人間は弱さをつくりだす動物だ。人間はオオカミを捕らえて、イヌに変える。バッファローを捕らえて、ウシに変える。種ウマを去勢ウマに変える。わたしたちは物を弱くして、使えるようにするのだ。この点では、わたしたちは動物界の中でとてもユニークである。性的虐待を受けた子どもはもともと無力だった。それに対し、ソロモン、カミン、ワインのイヌは、一万五千年に及ぶ社会的かつ遺伝的な操作の産物であり、この操作が最終的には冷酷にも、イヌたちを電流が通るシャトルボックスへと導いたのだ。

人間だけが弱者や無力な者にひどい扱いをするわけではない。あらゆる動物が弱者を利用する。ただし、ふつう動物にはほかに選択の道がない。オオカミの群れは、カリブーの群れにたびたび見せかけの攻撃をくわえて、群れの中に弱さを示すカリブーがいないか、見つけ出そうとする。弱さを示すカリブーを発見したら、エネルギーをそのカリブーに集中させる。オオカミの母親は、自分の子どもの中に弱さを示す異常な徴候を発見すると、その子どもを殺してしまう。生きるということは、強い者の中から弱い者を振るい落とす、心底まで喜ばしくないプロセスだ。生きることは、徹底的に残酷である。

それでも、人間に特有なのは、生命の好ましくない部分を取って、それを精錬し、強化したことだ。人間は生きることの残酷さを別のレベルにもたらしたのだ。もし人間を一つの文で定義したいなら、こうなるだろう。人間とは、自分自身の邪悪の可能性をつくりだす動物だと。

わたしたちがこのような動物であるのは、偶然ではない。これまで見てきたように、サルでは社会的な知能が優先する。わたしたちが他の動物の弱さをつくりだすのが非常にうまいのは、まず最初にお互いに対してそうすることができたからだ。サルの謀略と嘘は、自分よりも強いサルを自分よりも弱くしようとする試みである。わたしたちの内部にあるサルは、常に他のサルの弱さをつくりだす可能性をさぐる。常に、邪悪を実行する機会をねらっている。

けれども、自分が他者にすることとは自分に戻ってくる。他者を搾取の対象、弱みをさらす者と見なしていると、このような姿勢がいつかは自分にはね返ってきて、自分についての考え方を決定的に傷つける。わたしが暗黙のうちに、自分を弱みをさらす者と見なすのは、一生の間、他者をそのように見てきたからなのだ。わたしたちが自身の中につくりだす弱さは、根本的には、わたしたち自身についての、そしてわたしたちが行う邪悪な行為についての一定の考え方の中にある。わたしたちは許してほしいと哀訴する。鼻水をたらし、めそめそと情状酌量の事由を訴える。ほかにしようがなかったのだと、自分自身に、そして聞いてくれる他の誰にでも言い聞かせる。それは本当かもしれない。しかし、わたしたちの弱さは、弁明が重要であるかのように考える点にある。オオカミは弁明などしない。オオカミは自分がすること、おそらくはしなければならないことをして、その結果を受け入れる。

邪悪を病気だとか、社会的な悪弊の結果だと考えるのは、究極的には、これまでわたしたちが入念に他者につくりだしてきた無力さを、いまや自分自身の中にもつくってしまったからである。わたしたちは、もはや自分は道徳的な評価を受ける価値すらないのだと考える。わたしたちが悪人であるなら、あるいは善人であるなら、それは他の何か、道徳とは無関係の概念で説明をつけるべき何か、わたしたちが制御できない何かであるのだと考える。こうして自身の道徳的な状態について言い逃れをし、邪悪をつくりだしたことへの責任を弁解することこそが、邪悪づくりの究極的な表現である。これが、わたしたちが自分の魂にたゆみなく築きあげてきた弱さの、想像し得るかぎりもっとも明確な表現である。道徳を実際には何か別のものであると考えるとは、あまりに明白な弱さであり、これが見えないのは人間だけであろう。わたしたちはもはや、弁解せずに生きられるほど強くはない。自分の確信にしたがって行動する勇気がもてるほど強くすらないのだ。

7

宇宙はビッグバンで始まったと言われている。ビッグバンの後に急激な拡大が起こった。想像もつかないほど小さな個々の点から、想像もつかないほど大きくて、常に拡大し続ける宇宙になった。そしてついに、この宇宙は物質が生じるまでに冷却された。その結果、わたしたちが知っているような今日の二元、すなわち空間と物質からなる宇宙ができた。この物質はさらに濃縮され、分離した星を生じ、後には惑星を生じた。一部の惑星では（少なくともわたしたちが知っている一つではそうだが、おそらくはほかの惑星でも）、生命が誕生した。最初この生命は、単純な有機分子が、もっと単純な構成分でできたスープの中に浮かんでいるだけのものだった。ところがこの分子は、スープの中の遊離した原子をめぐってお互いに競争を始めた。ある分子がより複雑になるには、他の分子の成長が停滞するか、それが破滅しなければならなかった。生命はその発端からして、ゼロサムゲームであった。だから、一部の分子は周囲の分子の弱みを発見するスペシャリストとなった。こうした分子は分子の共食いをするようになり、自分が発見した相手の弱みを利用して、周囲の分子を壊し、その分子を構成していた原子を自分のものにした。そしてこのプロセスは何十億年も続き、ますます複雑な、生きた分子をもたらした。

もちろん、宇宙がここで何らかの作用を及ぼしたわけではない。わたしたちが知るかぎりでは、全体的な制御や操作なしに、宇宙の中で事は起こった。ところが、四十億年ほど後に、予想もされなかった、そしてかなり印象的なことが起こった。宇宙が自分自身に問う能力をもったのだ。宇宙の小さな部分たちが、自分自身について、宇宙の他の部分について、そして宇宙全体についてすら、問うことができるようになった。そして、一九九〇年代初めのある日、このプロセスの産物の二つがアラバマの初夏、朝の涼しさの中をいっしょに散歩していた。二つのうち片方は、こうした疑問が好きだった。宇宙の小さな部分をなすこの産物は、タスカルーサの通りを息を切らせ、不恰好によたよたと走りながら、自問した。「こうなるだけの価値はあったのだろうか」と。四十億年にわたる、盲目的で無思慮な発展の後、宇宙はわたしをも包括するにいたった。いったい、それだけの価値はあったのだろうか。これに匹敵するもう一つの疑問もある。四十億年にわたる盲目的で無思慮な発展の後、宇宙はブレニンも包括したが、この二つのどちらの方がより価値があったのだろうか、という疑問だ。

わたしたち二人のうち、こうした疑問が出せたのはおそらくわたしだけだ。そのことで、わたしの方が宇宙にとってより価値のある産物となるのだろうか。ふつう人間はそう思ってきた。二十世紀の哲学者マルティン・ハイデガーによると、人間の特殊性（したがって、その価値も）は、人間が自分の存在をテーマにする存在だ、という事実にあるという。すなわち、人間は「自分は何なのだろう」とか「自分にはどのような価値があるのだろう」といった疑問を出せる動物だというのだ。大ざっぱに言えば、わたしたちを他の動物よりも優れたものにしているのは、その論理的な能力だということになる。けれども、この「より優れている」とはどういう意味なのかを理解するのは、本当にむずかしい。わたしの方がブレニンよりも、複雑な論理的問題や概念の問題への取り組みでは優れていた。少なくとも、調子の良い日や朝の最初のカフェイン注入後はそうだった。けれども、走ることではブレニンの方が優れていた。これら二つの能力の、どちらの方が優れているのだろうか。

「より優れている」という言葉を理解するための、おそらくはもっとも簡単な方法は、「より役に立つ」という言葉に置き換えることかもしれない。しかし、この場合でも「より優れている」は、この言葉が該当するそれぞれの動物との関係で異なってくる。わたしにとって役に立つことは、必ずしもブレニンに役に立つとはかぎらない。その逆も言える。迅速に走り、一瞬で走る方向を変えられる能力は、ブレニンには役に立った。少なくともブレニンの祖先の故郷では、自分が食べるのに必要なものを捕らえるために、こうすることができたのだから。だが、わたしにはこのような能力はあまり役に立たない。どの動物も固有の生活様式をもっており、どの能力がより優れているとか、より役に立つといったことは、それぞれの生活様式によって異なるのだ。

同じことは、「より優れている」を優秀という意味で理解しようとする場合にも当てはまる。わたしは野心的で、かすかに競争心もあるサルだから、常に優秀であろうと努力してきたと思う。いや、いつもではないかもしれないが、少なくとも最近はそうだった。わたしにとって優秀さとは、むずかしい概念上の問題を熟考し、考え抜いた結果を書いて記録する能力と結びついている。プラトンによって提唱された思考の長い伝統にしたがえば、論理的な能力では明らかに人間が優秀である。けれどもこれもまた、優秀とは何かということが動物の生活形態によって変わるということを、支持するにすぎない。チータにとっての優秀さはスピードにある。スピードこそが、チータが特殊化した能力だからだ。オオカミにとっての優秀さはとりわけ、ある種の持久力である。この持久力のおかげで、オオカミは獲物を追って三十キロメートル以上も走り続けられる。優秀さとは何かは、あなたが何者であるかによって異なるのだ。

「論理的な能力はスピードや持久力よりも優れている」と主張したい誘惑にかられるかもしれない。しかし、どのような根拠があって、この主張を正当化できるだろう。正当化を許してくれるような、客観的な意味の「より優れている」はない。わたしたちがそう主張したとたんに、「より優れている」という言葉はその意味を失う。あるのは、人間にとって何がより優れているか、オオカミにとって何が優れているかということだけだ。異なった意味の「より優れている」を測れるような、共通の基準などはないのだ。

　わたしたち人間には、この点を理解するのがむずかしい。自分自身を客観的に見るのはむずかしいからだ。わたしだとて、自分が何かを見過ごしているに違いないという疑念を、なかなかふるい落とせない。だから、ここで客観性の練習をしよう。中世の哲学者は、美しくかつ重要な言い回し、「永遠の相の下で《スブ・スペシエ・アエテルニタス》」というフレーズを使った。永遠の視点の下では人は自分を、星が散らばる広大な宇宙の闇に存在する他者に混じった、ほんの一つの点としか見なせない。永遠の視点の下では、わたしたち人類は多くの種の一つにすぎない。まださほど長くは存在しておらず、またあらゆる徴候からして、将来もそれほど長く存在はしないであろう種だ。永遠の視点は、複雑な概念の問題に取り組むわたしの能力などに、どんな関心をもつだろう。永遠の視点は、地面から数センチ上を浮くようにして滑空するブレニンの能力より以上に、わたしの能力に関心をもたなければならないだろうか。永遠の視点がわたしの能力の方により関心をもつなどと考えるのは、狭量なうぬぼれでしかない。

　たとえ人間が他の動物について判定を下せないとしても、そして、人間が客観的に他の動物よりも優れていると考えるのは筋が通っていないとしても、わたしたちは他の動物たちに感嘆することはできる。この感嘆は、わたしたちに欠けているものを他の動物がもっている、という認識がもたらすのしばしば（もしかしたら、いつも）わたしたちは他人がもっていて、自分はもっていないものに一番感心する。嘆したこのサルには、一体何が欠けていたのだろうか。

そこにはもちろん、わたしにはまねのできないような一種の美があった。オオカミは最高の形の芸術であり、オオカミがいると、精神が高揚しないではいられない。毎日のジョギングを始めるときに、どれほど憂鬱な気分であっても、静かに滑空する美しい姿を見ているうちに、必ず気分が良くなり、元気が出てきた。もっと重要なのは、このように美しいもののそばにいると、少しでもこれに似たいと思わないではいられない、ということだ。

オオカミの芸術が、わたしにはまねのできない何かだとしても、その底には別のものもあった。わたしが少なくとも近づくことぐらいはできる強さである。わたしというサルは気むずかしくて粗野な生き物で、弱さで取り引きする。自分が他者につくりだす弱さ、そして自分自身にも最終的には伝染する弱さだ。この弱さこそが、邪悪（道徳的な邪悪）が世界に足場を固めるのを許してしまう。これに対し、オオカミの芸術はその強さを基盤にしている。

ブレニンが生後二ヶ月のある日、いつものようにラグビーの練習に連れていった。ブレニンがラガーを困らせて楽しんだのはこの頃で、ラガーはブレニンをまったく好きにはなれなかった。この日、ついに堪忍袋の緒が切れて、ブレニンの首をつかんで、地面に押さえつけた。大いに誉めるべきことに、ラガーがしたのはそれだけだった。しようと思えば、簡単にブレニンの細い首を小枝のようにへし折ることもできたはずだ。ピットブルですら、クンデラのテストに合格できるのだ。だが、この出来事で忘れられないのは、その時のブレニンの反応だ。このような目に合えば、たいていの子犬ならショックと恐怖で金切り声をあげるところだが、ブレニンは唸った。子犬のように唸ったのではなくて、低くて落ち着いていて、浪々とした、そのか弱い年齢には似合わない声で唸ったのだ。これは強さだ。そして、これこそが、わたしが常に身に付けようとしていること、将来もそうしたいと願っていることだ。サルであるわたしには、この目標を達成できないだろう。それでも、このことを忘れず、できるかぎり見習うのはわたしの義務、道徳的な義務だ。せめて、生後二ヶ月の子オオカミぐらいに強くなれさえすれば、わたしの中に道徳的な邪悪は育たないだろう。

サルがこのような状況におかれたら、急いで逃げ出し、ひそかに復習を計画したことだろう。自分よりも強くて、自分に恥をかかせた相手に弱さをつくりだす道を探り出しただろう。その作業が完成すれば、邪悪なことが実行できる。わたしは偶然にもサルとして生まれた。それでも、最良の瞬間には、オオカミの子となって、自分を地面に押さえつけるピットブルに勇敢に抵抗して、唸り声をあげる。わたしの唸りは、痛みが迫りつつあることを認める表現だ。痛みは生きることに付いてまわるのだから。唸りは、自分が子どもでしかなく、人生のピットブルがいつでも自分を小枝のようにへし折れることを認める表現だ。けれども、唸りはまた、何が起ころうと自分は放棄はしない、という意志の表現でもある。

かつて、哲学者としては珍しく信仰をもつ同僚がいた。彼は学生たちに常々、「ウンコが送風機《ファン》に当たったら〔歌の題名にもなっているスラングで、窮地に立ったらというような意味〕、君たちも信心深くなるよ」と言っていた。実際そうなのかもしれない。ウンコがファンに当たったら、人は神を求める。ウンコがファンに当たったら、わたしは小さな子オオカミのことを思い出す。

5 詐欺師

1

イタリアのグッビオに生息していた一頭のオオカミと、アッシジの聖フランチェスコの出会いについての物語がある。オオカミが住民たちを恐怖に陥れるので、聖フランチェスコは住民から、オオカミに悪さをしないように説得してくれと頼まれた。ある日、オオカミと聖者は市壁の外で出会い、ある合意に達した。この契約は管轄の役所によって正式に認証された。オオカミは住民を恐がらせるのをやめ、家畜を襲わないことに同意した。その代りにグッビオの住民は、オオカミに餌をあたえ、町の中を自由に歩くのを許すことを約束した。この話には楽しくなる。というのも、わたしもまったく独自に、ブレニンと同じような合意に達したからだ。わたしの場合、若いブレニンとの間に交わした契約は次のようなものである。

オーケー、ブレニン。ぼくは君を毎日どこへ行くにも連れて行くよ。講義にも、講義の後のラグビーの練習にも、週末の試合が地元でも他のグラウンドで開かれても、そこにも連れて行く。買い物に行くときもいっしょだ。だけど、君は車の中で待っていなければいけない（ぼくはできるだけ急いで戻るから）。もちろん。日中暑いときに君を車の中に残したりはしないよ。ラッキーなことに、近くには二十四時間オープンのスーパーマーケットがある。君が毎日、長くておもしろい散歩ができるようにしてあげるし、ジョギングするときはいっしょに走ってもいい。君には毎日、おいしくて栄養たっぷりの食事をあげよう。君が晩に横になるときには、今日もまた、楽しくて新しいことといっぱいの素晴らしい一日を過ごした後だから、ほどほどに疲れていることだろう。だけど、もう一つ問題もあるんだ。今はまだはっきりはしないけれど、年月がたつうちに、辛いけれどもはっきりするだろうことが。いつかぼくが家を買うことになったら、どんな家でも、君なしで買う場合よりは少なくとも千ドル札が五十枚余分にかかるってこと。君が走りまわれるように、十分広い庭が付いていなければならないからね。その代り、君はその家を壊してはだめだよ。これ以上は君に望むことはない。時には、ぼくが軽率にも君の手が届く所に置きっぱなしにしたハングリーマン・ミールに、君がつい誘惑されてしまうのは知っているよ。そういうことだってあるさ。だからって、そんなことにくよくよしたり、そんなことで君を困らせたりするつもりはない。君に本当にお願いしたいのは、家だけはそっとしておいてもらいたい、ということなんだ。家の中にあるものは壊さないでね。それと、君がまだ若いオオカミで、時々は事故が、とくに夜に起こるのは承知だけれど、カーペットにはおしっこをしないように努力してね。

この契約に出てくるわたしの家をグッビオの町と置き換え、わたしを聖フランチェスコに置き換えるなら、二つの話は完ぺきに一致する。ところが、聖フランチェスコと違ってわたしは契約を破った。このことでは、十年以上たった今でも心が痛む。

アラバマでの生活は、とどのつまりは七年間にわたるパーティーだった。わたしは人生の多くの点で幸運だった。その一つは、あらゆる本質的な要素（パーティー、アルコール、さまざまな種類のスポーツ）において、学生生活を二度おくるチャンスに恵まれたことである。二度目のそれは、最初のよりもはるかに楽しかった。それはたぶん、二度目には金があったからだろう。あるいは、若者が若さを浪費するように、学生は学生生活を浪費するからかもしれない。はっきりはしないが。

わたしたちの自由奔放な日々は、ブレニンが四歳、わたしが三十歳のときに決定的に変わった。正直に言えば、わたしたちは二人とも、このような生活を送るにはいささか歳をとったのだろう。わたしがアラバマ大学の職についたときには、二十四歳だった。二十四歳で学生のような生活を送るのはよいとしても、学生のラグビーパーティーに通いつづけられるのも一定の間だけで、やがて最初はちょっとわびしく感じるようになり、その後はいささか薄気味悪くなってきた。といっても、わたしたちの引越しの直接の理由は、わたしの年齢ではなくて、父が年老いてきたことである。父は何度も肺炎をわずらった。わたしは、この分では父は死んでしまうのではないかと心配し、故郷の近くにいるべきだと思うようになった。もちろん、実際には父はすっかり回復した。今でもピンピンしている。けれども、それが判明したときには、時はすでに遅すぎた。ビールパーティーや肌を露わにしたラガー・ハッガーとの日々は過ぎ去ったのだ。

けれどもこれは、それまでわたしがしたことの中で、最良のことだった。たとえ、当時はそうは思えなかったとしても。哲学では未完成の仕事があった。アラバマでは、放縦ではあっても最高に楽しい生活を送ったために、著作活動も論文や本の発表もまったくしていなかった。明らかにわたしは、身の回りで起こる誘惑に抵抗できるほど規律正しくはなかったから、このような生活を変えるほかなかった。それで、大西洋を越えて戻るのを機に、どこか本当に静かなところに行くことにした。ブレニンのためには都会から離れた農村地帯が必要だった。それに、書き物以外にはすることがまったくない、良い意味でまったく何もない場所をわたしも緊急に必要としていた。それで、わたしたちはアイルランドに移住し、わたしはユニバーシティー・カレッジ・コークの教職についた。あ、そうそう、この決断に影響を与えたかなり重要な要因がもう一つある。ここは、実のところ、わたしに就職口を提供してくれるほど教員に困っていた唯一の場所なのだ。七年もの間パーティーにあけくれていると、こういうことになる。

問題が一つあった。ブレニンはアイルランド政府の管理下、すなわちダブリンの北、スウォードにあるリッサデル検疫センターで六ヶ月間を過ごさなければならなかったのだ。当時はペットパスポートがまだ導入されておらず、ブレニンは六ヶ月間も検疫を受けなければならなかった。これはお話にならないほど馬鹿げて、有害なシステムだった。狂犬病のワクチンが発明される前に導入されたシステムで、イギリスもアイルランドも、この「新しい」医学の発展に追いつくまでに百年近くもかかったのだ。ブレニンは幼い頃から毎年、狂犬病のワクチンを受けていたから、彼の血液中に免疫ができていることは証明できた。それでも、似たような状況にある他の何千頭ものイヌたちと同様に、お勤めをしなければならなかった。

ブレニンがどう思ったかは知らないが、わたしにとってこれはそれまでで一番辛い経験だった。あの六ヶ月間、幾夜となく泣き疲れて寝入ったものだ。ブレニンにとって正しいことをしたのか、いまだに自信がない。六ヶ月はオオカミの一生にとってはとても長い期間だ。ただし、ブレニンは平均的なイヌと違って、とても精神が安定していた。いつも、子ども時代でもそうだった。何に対しても心底から怯えることはなかった。すでに書いた、ピットブルのラガーとの出会いからもそれが分かる。だから検疫所での六ヶ月も、逆立ちしてやり過ごすことすらできたはずだと思う。事実、ブレニンは冷静にやってのけ、検疫所の多くのイヌがこうむるような、心理的な障害を受けた様子はなかった。

実際には、リッサデルの管理体制はかなり温和だった。女所長のマジェッラさんはブレニンが大好きだった。これはよく理解できる。ブレニンは他者を大きく引き離して、アイルランドがその臨席の栄に浴したもっとも立派な姿の「イヌ」だったからだ。当時、ブレニンはマラミュートの仮面をかぶっていた（わたしが輸入申請書にマラミュートと書いた）。アイルランドにおけるオオカミの法的な状況はあやしげだからだ。マラミュートは当時はアイルランドで知られておらず、獣医すらも、マラミュートがどのような姿をしているのかはっきり知らなかった。ブレニンは外見がすばらしく美しく、親しみ深くて礼儀正しいので、マジェッラ所長はブレニンをいろいろと優遇した。中でももっとも重要だったのは、午前中のほとんどの時間、施設じゅうを自由に走りまわれたことだ。ブレニンはこの機会を利用して、収容所の他の住人に自分の権威を示した。それはおもに、イヌたちの檻に排尿してまわることだった。

わたしは毎週一回、ブレニンに会いに検疫所に出かけた（当時は、アイルランドのひどい道路を十時間かけて往復しなければならなかった）。わたしたちは数時間、施設の中を散歩した。ある時、ブレニンはこっそりとではあるが、愚かにもマジェッラ所長のショッピングバッグをかき回して、すぐさま冷凍チキンを食べてしまった。それ以後、彼が受けた優遇措置は限られてしまった。けれども、その時には収容期間は終わりに近づいていた。

ブレニンが検疫所から解放されると、わたしはブレニンにこの埋め合わせをするため最善をつくした。たとえば、毎日、長い時間いっしょに走った。その夏（ブレニンは六月に自由の身になった）、わたしたちは西ウェールズにある両親の家で過ごした。といっても、実際には家ではなくて、庭の端にあるキャンピングカーに泊らなければならなかった。ブレニンが、両親が飼っていたグレートデンのボニーとブルーを見るなり、敵意を示したからだ。家に着いてから数時間以内に、何回もブルーを殺そうとしたほどだ。日中、わたしたちはフレッシュウォーター・ウエストや、ブロードヘヴンズ・サウス、そしてブレニンお気に入りのバラファンドルの素晴らしい海岸やその周辺を走った。バラファンドルの背後の砂丘には無数のウサギがいて、ここでブレニンは、アラバマではヘビがいるためにさせてもらえなかったこと、すなわち狩りを学んだ。

夏の終りに、わたしたちはアイルランドに引っ越した。最初の年はコーク・シティーの西郊外にある、ビショップスタウンという町に住んだ。わたしはブレニンの生活を、できるだけアラバマと似たものにしようとした。それで、毎日ジョギングに出かけた。ふだんはリーヴァリー・パークとそれに隣接する畑を走った。バリンコリッグにあるパウダーミルズ・パークに出かけることもあった。週末には、さまざまなところに遠出した。インチードネフの海岸、ダブリン方面への道路を進むとミッチェルスタウンの向こうにあるグレンガッラ森、バリーコットンでの崖の散歩、その他いろいろなところに出かけた。また、当時わたしはサーフィンを始めていたので、週に二回、波の状態がいい時には、強風吹きすさぶギャレッツタウンの海岸へ降りていった。わたしがボード上で苦闘している間、ブレニンは海の中をバシャバシャと走り回った。検疫は苦しかったかもしれないが、それでもここの環境は、ブレニンにとってアラバマよりははるかに良かった。そして聖パトリック（アイルランドの守護神、島からヘビを追い払ったという伝説がある」のおかげで、わたしたちはヘビのことも心配せずにすんだ。

2

あることが回避できないからといって、そのことの不快さが緩和されるとはかぎらない。自分が大西洋を渡って移住しなければならなかったことは、承知していた。ブレニンが検疫所に入らなければならなかったことも、承知していた。ブレニンにはるかに適した気候と田舎に住めば、ずっと快適な生活を営めることも知っていた。それでも、十二月初めのある日、ブレニンとアトランタまでドライブして飛行機に乗せたときの恐怖感を、いまだに振り払うことはできない。今でもこのことで悪夢に悩まされ、ダブルパンチを受けて目が覚める。まず、夢の中で自分がブレニンを裏切った結果、悲しむというパンチ。次に、ブレニンがもはや生きてはいないことを思い出して、またも悲しくなるというパンチだ。聖フランチェスコとグッビオのオオカミの物語は、オオカミとの契約についての幸せな話だ。契約は守られたのだから。けれども、オオカミとの契約については、これよりもずっと暗い物語もある。契約を破ったために、悲惨な結果になるという話だ。

北欧神話に登場するフェンリル狼は巨大なオオカミだ。フェンリルは不幸な家庭状況で育った。兄弟のヨルムンガンド（ミドガルズ蛇）は神々の一人オーディンによって、理不尽にも海に投げ込まれた。妹のヘルは、老婆の言葉だけを理由に死の国に追放された。この老婆が狂っていたかどうかはあやしいが、明らかに邪悪だった。こうして見ると、神々についてわたしたちが最初に学ぶべき教訓は単純明快、すなわち神々は信用できない、ということのようだ。それに、神々にフェンリルを疑う特別な理由があったわけでもない。まさにその逆で、フェンリルが巨大なオオカミで、噂によるとラグナロク、つまり世界の終りの日に太陽を飲み込むことになる運命の割には、それまでは驚くほど控え目な生活を送っていた。それでも、フェンリルがますます大きく成長するにつれて、神々はフェンリルを恐れるようになり、その解決策として鎖に縛りつけ（いかにも神々らしく、空想力に欠けている）、忘れてしまうことにした。まず、神々はレージングという名の鉄鎖をつくった。だが、この鎖は長くはもたなかった。そこで神々は、レージングの二倍の強さをもつ鉄鎖、ドローミをつくった。フェンリルはこの鎖も引きちぎってしまう。神々は今度は小人たちに、別の鎖をつくらせた。これはネコの足音、女性の顎ひげ、山の根元、クマの精神、魚の吐息、鳥の唾液からできた鎖だった。

ここでわたしたちは、神々について二つ目の教訓を学ぶべきだ。これは、最初の教訓をはっきりとした形で説明してくれる。正直言って、神々の中には冴えた頭をもたない者がいるとしても、神々が特別に愚かだというわけではない。それに、神々がいつも悪徳や悪意に満ちているわけでもない。ただし、そういう神々も多いが。むしろ神々は、他者の心を理解する一定の能力に欠けているのが特徴的だ。神々は心についての理論をもっていない。他者の身になって考える認識能力がない。エンパシーに欠けるのだ。はっきり言ってしまえば、神々はみな反社会的だというのが、おそらくはもっとも的を得た表現だろう。

神々は本当に、フェンリルがこれに騙されると思ったのだろうか。フェンリルがとくべつ頭の悪いオオカミだという徴候はなかった。それでも神々は、先に述べた二つの鎖で試した。それまでに鋳鉄された中で一番重くて、一番太い鎖だった。ところが、これらの鎖ではうまくいかなかったので、絹のリボンのような物をフェンリルに見せたのだ。たくらみにフェンリルが気がつくだろうとは、神々は思わなかったのだろうか。それで、フェンリルは神々に釈明を求めた。すると神々は、いやいや、これには何も裏はない、と保証した。母親の命にかけて誓う、とオーディンは言ったそうだ。自分が精妙な冗談を使っているつもりだったのかもしれない（これは、精妙さがオーディンの強みであったためしがないということを示唆する、広範囲な文書証拠を確証するにすぎない）。

この逸話の公的なヴァージョンは次のように進む。神々の中で一番勇敢なテュールは、この鎖が罠ではないことを示すために、手をフェンリルの口に入れようと、自ら進み出た。気高くも、公益のために自分の体の一部を犠牲にしたわけだ。けれども、もちろん神話は勝者によって書かれる。わたしはオオカミと多くの時間を過ごしすぎたのかもしれないが、この公的なヴァージョンが本当に真実だと思えたことはない。実際ここには、テュールが事後にでっち上げ、執拗に主張したヴァージョンであることを示す徴候がたくさん見られる。テュールが神々の中で一番勇敢な神などではなくて、もっとも退廃的に残酷で、悪意のある神だと思わざるを得ない。テュールがそもそもフェンリルを育てることに関心があったという説は、広く認められてはいるものの、ほとんど説明はない。この説が本当なら、悲しいことにフェンリルは幼少の頃からしばしば、テュールからいろいろ虐待されてきたのかもしれない。そうだとしたら、フェンリルは、嚙みつきたい相手のリストの最上段に、テュールを入れたはずだ。テュールは自由意志から巨大なオオカミの口に自分の手を入れたわけではないのではないか、と疑いたくもなる。むしろ、オーディンがテュールにそうするように命令したのかもしれない。従わなければ、長い間ひどく痛い目に合うぞ、という脅しとともに。もしそうなら、やっと意を決してオーディンの命令に従ったときのテュールの顔、あるいはむしろ、他の神々が彼の手をフェンリルの口に無理やり入れようとしたときに、それに抵抗しないよう必死に我慢したときのテュールの顔が目に浮かぶ。フェンリルがテュールにちょっとウインクすると、神々の中で一番勇敢とされる神はお漏らしをしたに違いない。

テュールの手はそれだけの価値があったのかもしれない。フェンリルは神々のゲームに参加する意志がかなりあったのかもしれない。その時点ではまだフェンリルの死期は訪れていなかったし、その後の何年もフェンリルは死なない。その時がきたとき、つまりラグナロクがきたとき、伝説によるとフェンリルは、上顎が大空に、下顎が地面につくほどに巨大になっていたという。だが、これはまだしばらく後の話だ。そのときフェンリルはとても落ち着いたオオカミで、禁固刑も楽にこなしていた。フェンリルはリングヴィ島の「叫び」という名前の岩につながれて、刑期をつとめた。もちろん、テュールは復讐しようとした。フェンリルを最期まで鎖でつないでおくことなど我慢できなかった。彼は、オオカミの口に剣を突き入れた。そのため、フェンリルの顎からは涎が流れ出し、川となった。この川は「希望」と呼ばれた。フェンリルをラグナロクの日がくるまでつないでいた鎖は、グレイプニル、つまり詐欺師と呼ばれた。

もしフェンリルがこれほどおぞましい扱いを受けていなかったら、どのような行動をとったかは、誰にもわからない。この点こそが、この物語の悲劇である。よく知られているように、ラグナロクの日、フェンリルはオーディンを敵に回す巨人たちと組み、オーディンを飲み込んで復讐を果たす。けれども、もし神々がフェンリルとの契約を破らなかったら、フェンリルはどちらの側についていただろう。そして、神々がこの契約を破ったからには、どんな権利があって、フェンリルの支持を期待できただろうか。

アトランタに向けて走ったときに恐怖を感じたのは、ブレニンをとても恋しくなることを予感したためではなく、ブレニンが出所してからどちらの側につくか分からなかったからだ。神々の側につくのか、それとも巨人の側につくのか。それに、控え目に、そして誓って言うが皮肉をこめて指摘させてもらえば、神々はどのような権利があって、裏切り後にもオオカミの支持を期待できただろう。

神話のいくつかのヴァージョンでは、神々はこうした行為が避けられないと見通している。神々はフェンリルを縛りつけるときに、ほかに何の選択もないことを知っている。神々は、ラグナロクで自分たちが負けることを知っている。神々の時代は終り、巨人の時代にとって替わられなければならないことを知っている。神々が負けるためには、フェンリルの縛りつけや、フェンリルが巨人の側につくことが必要であることも知っている。神々は、自分たちがなすべきことをしている、ということを知っている。けれどもわたしたちは、自分がすることは必要なのだ、ということを知っているからといって、それを実行してしまった重大な責任から解放されるわけではない。

アトランタでのあの日、ブレニンにバイバイを言ったとき、心はボロボロだった。また会うときに、ブレニン、わたしのバッファロー・ボーイがまだそこにいるかどうか、それとも彼の毛皮の中には別のオオカミが入れ替わってしまっていないかどうか、分からなかったからだ。

3

ふり返ってみると、たった二人のメンバーから成るわたしたちの小さな国の創設を、哲学者が契約の面で考えることは当然であり、おそらくがっかりするほど予想できることだ。社会契約という考え方は、西洋の思考の歴史において卓越した役割を果たしてきた。この考え方の代表的な創設者は、十七世紀のイングランドの哲学者、トマス・ホッブズである。

ホッブズにとって、自然は不快なものだった。自然は歯と爪が赤く染まっているというわけだ。人類はかつて自然状態で生きていた。ということは、基本的には誰もが他のすべての者と戦争をしていた。身が安全な者はおらず、誰も信用できなかった。友人関係も協力関係も無理だった。わたしたちは動物のように生きていた。あるいはホッブズが考えたように、動物が生きていたように暮らしていた。したがって、わたしたちの生活は一般に「孤独で、みじめで、むかつくほど不快で、野蛮で、短かった」。

ホッブズによると、だからこそ人間はある契約、つまり合意を結んだ。この合意は本質的には次のようなものだ。他の人々があなたの命、自由、財産を尊重することを条件に、あなたも他の人々の命、自由、財産を尊重することに同意する。こうして、あなたは他者を殺さないことに同意し、他者もあなたを殺さないことに同意する。あなたは他の人々を奴隷にしないことに同意し、他の人々もあなたを奴隷にしないことに同意する。あなたは他者の家や所有物を盗まないことに同意し、他者もあなたの家や所有物を盗まないことに同意する。社会は、「あなたがわたしにしてくれるように、わたしもあなたにそうする」という原則の上に成り立つ。あるいは、少なくとも、「あなたがわたしの背中にナイフを突き立てないなら、わたしもあなたの背中にナイフを突き立てない」という原則だ。

ホッブズは、野生（彼が理解したような野生の状態）から文明への転換ということを言った。契約はこの転換を促進するものであると考えた。人がこの契約を受け入れるなら、自分の自由がある程度は制約されることを受け入れなければならない。それでも人が契約を受け入れるのは、その結果、自分の人生が改善されるからだ。これこそが社会の目的であり、社会を正当化する。これこそが道徳の目的であり、社会を正当化するのだとホッブズは考えた。

残念ながら、血に染まった野蛮な自然をわたしたちがいかにして克服し、野生を捨てて文明化したかについてのホッブズの話には、大きな穴があった。体重六十八キロにまで成長しきったブレニンでも、なんなくくぐり抜けられるほど大きな穴だ。ホッブズの話は続く。契約をする前は、わたしたちは野生的だった。わたしたちは血に染まった野蛮な自然で、生活は孤独で、みじめ云々だったが、契約後は、わたしたちは文明化され、わたしたちの生活は最終的には格段に良くなったと。

ホッブズが明らかに自問しなかったと思われる疑問がある。歯と爪を真っ赤な血に染めた人々を、どのようにして交渉の席につかせることができたのかという点だ。さらに、もっと重要なのは、そうした人々を交渉の席につかせたら、何が起きたかという点だ。もし、契約の前に、わたしたちすべてがホッブズが主張するほど不快で野蛮であったのなら、契約に必要な集会を利用して、ライバルの一人や二人を殺したり、さもなければ競争相手に自分の権威を押し付けたのではないだろうか。契約の状況は悲惨で、大虐殺の場となったはずだ。そして、生活はもっとみじめで、もっと孤独、もっと不快、もっと野蛮で、疑いもなくもっと短かくなったはずだ。この点こそが問題だ。契約は文明化された人々の間でだけ可能だ。したがって、契約が最初に人々を文明化できたものであるはずはない。

人間の文明が決して契約の上に創設され得なかったことは、明らかな真実である。それなのに一部の哲学者は、文明があたかもこのようにしてつくられたと考えることが有用だと主張する。人々が契約の定めに従って生きる道を選んだと想像することによって、わたしたちは公平な社会、公正な文明がどのようなものであるかを見つけ出すことができる、というのだ。そして、こうした定めがどのようなものであるかも見つけ出せるという。わたしもかつてはこう考えていたが、今はそうではない。契約の意義は、それが人間についての何を露呈するかという点にあると、今では思っている。しかも、契約が露呈するのは、またしても人間性のもつ決して喜ばしくはない側面なのである。

理論が言うことではなくて、理論が示すことが重要である場合がある。いかなる理論もある種の仮定にもとづいている。仮定の一部は明確であるかもしれない。理論を出した人が仮定を意識していて、そのことを認めるのだ。けれども、明確にされない仮定も常にある。決して明確にされないかもしれない仮定もある。だから、哲学者の使命は本質的には、考古学者の使命と同じである。土を掘る代りに理論を掘って、自分の才能と持久力が許すかぎり、その理論の基礎となる隠された仮定を明るみに出すのだ。これこそが理論が示すものであって、これは理論が述べていることよりも、時にははるかに重要である。

それでは、社会契約の理論は何を示しているのだろうか。これは倫理と文明の基礎、そしてこれらの正当性についての話だとされている。疑問は、本当はこれは何についてなのかということだ。答えは二つある。片方の答えはもう片方よりは明白ではあるが、両方とも嬉しくなるようなものではない。

4

社会契約論が示している第一の点は、わたしたちが特別にもつ人間的な、あるいはもっと正確にはサル的な権力妄想である。この理論から導かれる結論は歴然としている。人は自分よりもはるかに弱い者に対しては、なんら道徳的な義務はなくなるのだ。人が他の人と契約を結ぶのは、他の人が自分を助けてくれるからか、さもなければ他の人が自分に害を及ぼすからだ。「君は助けが必要なのかい？　心配ないよ。ほかの人が助けを必要としているときに、君が助けることに同意するなら、ほかの人も君を助けてくれる。殺人、攻撃、奴隷化から身を守りたいって？　問題ないよ。君がほかの人にそれをしないことに同意するなら、ほかの人も君にそんなことはしないと同意してくれる」というわけだ。けれどもこれでは、自分を助けてくれたり害を及ぼす他者との間にだけ、契約を結ぶ理由があることになる。契約という考え方全体が意味をもつのは、契約を結ぶ両者が少なくともほぼ同じ程度の力をもっていると推定される場合だけなのである。契約を信じる人ならほぼ誰もが、この考え方で一致する。その結果、自分よりもはるかに弱い人、自分を助けてくれることもできなければ、害を及ぼすこともできない人は、契約の枠の外に出されることになる。

だがここで、契約が文明、社会、道徳を正当化するものとして考えられたことを思い出してほしい。だから、契約の枠の外に出る人は、文明の枠外に出されてしまう。それらの人は、道徳の範囲外にいる。人は自分よりもはるかに弱い人に対しては、道徳的な義務を負わないのだ。これが、文明を契約という視点から見ることの帰結である。道徳の目的は、より多くの権力を集めることにある。これが、社会契約の理論が示す第一の点である。この理論の基礎をなす最初の仮定である。野生と文明、どちらが本当に歯と爪を血に染めているだろうか。

もっと掘り下げていくと、二つ目の隠された（表面的には認められていない）仮定に突き当たる。契約は、予想される利益を見込んだ上での犠牲にもとづいている。あなたが何かを断念するのは、その見返りとして、これよりももっと良いものが手に入る見込みがあるからだ。あなたが自分の身を守ってもらうために自由を売るのは、身を守ることの方があなたにとって貴重だからだ。契約によって保護を受け、他者にあなたの利益を守らせるようにするためには、あなたも他者の利益を守る意志がなければならない。これは高くつくことがある。時間、エネルギー、金、あなたの安全、命すら必要かもしれない。契約による保護を受けるためになすべき犠牲は、いつも小さいとはかぎらず、時には非常に重大な犠牲になる。それでもあなたが契約するのは、見返りとしてもっと多くのものを得られると信じるからだ。

だが、ここに重要な抜け道がある。あなたは実際には自由を売らなくてもよい。この犠牲を実際には払わなくてもよい。重要なのは、犠牲を払うことではなくて、他の人々があなたが犠牲を払っていると信じることなのだ。「あなたがわたしのことに気をつけてくれるなら、わたしもあなたのことに気をつけてあげる」とあなたは言う。だが、あなたが本当にほかの人のことに気をつけてあげるかどうかは、どうでもよい。大事なのは、ほかの人が、あなたがその人のことに気をつけてくれるものと信じることである。あなたの犠牲が真実であるかどうかは重要ではないのだ。契約では、イメージ、見た目がすべてである。要求されている犠牲を払わずに、契約による見返りを得ることができるなら、時間、エネルギー、金、安全を本当に犠牲にした哀れなお人よしよりも有利に立つ。契約はその本質からして、詐欺的な行為に報いる。これは契約の奥にある構造的な特徴だ。あなたが人を騙せるなら、なんらコストをかけることなく、契約による利益を得ることができるのだ。

詐欺師は決して成功しない、とわたしたちは自分自身に言い聞かせる。だが、わたしたちの内にあるサルは、これが真実でないことを知っている。不器用で、訓練を受けていない詐欺師は決して成功しない。詐欺師であることを知られてしまい、その結果、苦しまなければならない。世間から締め出され、除け者にされ、軽蔑される。けれども、わたしたちサルが軽蔑するのは、彼らの努力が不器用で、的はずれで、気が利かないところだ。わたしたちの内にあるサルは、詐欺そのものを軽蔑するのではない。まさにその逆で、詐欺にあこがれる。契約は詐欺には報いないが、巧妙な詐欺には報うのだ。

契約はわたしたちを文明化された人間にした、と思われている。ところが、契約は詐欺に対して絶え間ない圧力をかけもする。わたしたちを文明人にしたものが、わたしたちを詐欺師に変えもしたのだ。しかし、これと同時に、契約が機能するのは、詐欺が通常のことではなくて、例外的である場合だけである。もし誰もがいつも誰をも騙せるなら、どのような社会秩序も団結も崩壊してしまうだろう。そこで、契約はわたしたちを詐欺の探知者にもした。ますます巧妙な詐欺師になろうとする努力と並行して、ますます巧妙な詐欺の探知者になる能力も発達する。人間の文明、そして究極的には人間の知能は、軍事競争の産物であり、嘘は第一のミサイル弾頭である。あなたが文明化されていて、かつ嘘つきではないとしたら、それはおそらく、あなたが巧みな嘘つきではないからだろう。

こうしたことは、人間について何を語っているのだろうか。自分の貴重な財産である道徳が契約の中に据えられるべきだなどと考える動物とは、どのような動物なのだろうか。公正または公平な社会とは何かを見つけ出そうとするときに、構成員が同意した仮説的な契約、という言葉で社会を考えようとする動物とは、いったいどんな動物なのだろう。その答えはオオカミにとってははっきりしているが、サルにとってはそうではないようだ。答は詐欺師である。

5

社会契約についての本を書いたことがある。インスピレーションをくれたのは、自分が一番うまくできることをするブレニンである。いっしょにアイルランドに移って最初のクリスマスに、両親を訪ねてウェールズに戻った。ブレニンはボニーとブルーとはいくつかの点で意見を大きく異にしていたが、ウェールズに行くのは大好きだった。母はわたしとは違ったやり方で、ブレニンを甘やかした。ブレニンがチーズのおいしさを発見したのもここだった。チーズは他をだんぜん引き離して、彼の好物となった。わたしがときどき買い与えていた牛肉を、やすやすと追い越したほどだ。母がチーズを使った料理をつくるときには、ブレニンは必ずキッチンにいて、動こうとしなかった。キッチンにすわって、描写しがたい声を出した。イヌが出さないような声である。吠え声と遠吠えの中間のような高い声を、短く続けざまに発するのだ。オオカミは吠えない。吠えるのは子犬の行動で、基本的には「そばに戻ってきてよ。ここで何かが起こっているけど、ぼくにはよく分からないんだ」という意味だ。ブレニンはときどき遠吠えはしたが、ワンワンと吠えることはなかった。ところが興奮すると(チーズには毎回、動転した)、スタッカートのかかった「ホア、ホア、ホア、ホア……」という声を続けざまに出した。時には、この声といっしょに跳びはねることもあり、さらには、それまで一度も見られなかったし、想像もできなかった行動も見せた。体を起こしてすわり、おねだりしたのだ。やっと母がチーズを一かけら投げてやると、このプロセス全体がまたも最初から始まった。料理に時間がかかったときには、ブレニンはこれを何時間も楽しんだ。ついには、準備しただけでそうなった。母が冷蔵庫のそばにいるというだけで、おねだりし始めるようになった。

このクリスマス訪問に向けて、わたしたちはアイリッシュ・フェリーでロッスレアーからペムブロークまで渡った。フェリーの旅はふつう四時間かかった。わたしはブレニンを車の中に残した。そうするか、ブレニンを檻に入れてカーデッキに置くしか方法がなかった。フェリーの上階に連れていくことは許されていなかった。それまでにも車に何度か残していて、トラブルが起きたことはなかった。いつも乗船する前にロスレアーの海岸で長い散歩をし、ブレニンをちょっと疲れさせておいたからかもしれない。ところが今回は、ペムブロークに停泊するほぼ十分ぐらい前、フェリーがミルフォード・ヘヴン運河を走っているときに、ふと本から目をあげると、上階の旅客ラウンジをレストラン目指してほがらかに歩くブレニンの姿が見えた。何人かのアイリッシュ・フェリーの乗務員たちがその後を追って、ブレニンを捕まえようとするフリをしていたが、実際には安全な距離を保っていた。わたしはブレニンの名前を呼んだ。するとブレニンは、五年前に起こった例のハングリーマン・ミール事件のときと同じように、足を踏み出したまま凍りつき、顔をわたしの方へと向けた。その顔には、自分が破滅に向かっていることを悟ったワイリー・コヨーテのような表情がゆっくりと表れた。

実はわたしは車の窓をすこし開けて、ブレニンが新鮮な空気を吸えるようにしてあった。航行のなんらかの時点で、ブレニンは窓を押し下げ外に出たようだ。カーデッキにはいつもどおり、鍵がかけられていたはずだが、船が運河に近づいたので、誰かが開けたものと思われる。それで、ブレニンは脱出できた。それから、四つの階段を昇って上階の旅客ラウンジに通じる道を見つけたのだ。わたしを探してか、あるいはもっとあり得ることだが、食べ物の匂いをたどったのだろう。ブレニンが実際にレストランまでたどりついていたら、どのようなことが起こっていたか、想像するだけでも恐ろしかった。学生が食べ物を入れたリュックサックの口をちゃんと閉めなかったときに、教室で起こった出来事はまだ記憶に新しかった。フェリーのレストランで食事をしていた客が叫びながら飛び出し、ブレニンが前足をテーブルにのせて、客が残した料理を嬉しそうに平らげる光景が目に浮かんだ。もちろん、まずはチーズを使った料理から始めるブレニンの姿が。

クリスマスが終わってアイルランドに戻るときには、レストランでの殺戮が絶対に起こらないようにと、車の窓をほんの少し開けるだけにした。だが、結果的にはこの判断はまさしく重大な誤りだった。ブレニンは文字通り、車をバラバラにした。ブレニンがこの仕事を完了し、事件の次第をわたしが知った時には、車の内側には、車の一部であったことが識別できるような物は何ひとつ残っていなかった。シートは粉々に引き裂かれ、シートベルトは嚙んでボロボロにされ、車の天井を覆う詰め物ははがし落とされて、窓から外が見えないほどだった。おまけにブレニンは、ドッグフードが入った大きな袋を裂いて、中身を車のあらゆる隅々までばら撒いた。

乗務員たちは、あきれて面白がっているといった様子でわたしを呼びにきた。カーデッキに降りていき、車内、あるいは車内の残骸物を見たときには、しばらく自分の目が信じられなかった。ちょうどカーデッキの乗務員がナイフをもっていたので、貸してもらえないか頼んだ。家まで車で帰る一縷の望みがまだ残っているなら、まずは、たれさがっている天井材の切れ端を切り取る必要があったのだ。奇妙なことに、乗務員はなかなかナイフを貸してくれようとはしなかった。問いただすと、なんと彼は、わたしがブレニンを殺そうとしていると思ったのだそうだ。とんでもない！　そこで、わたしは彼に説明した（ショックのために、講義をする先生モードに切り替わってしまったらしい）。出来事の成り行きをとくべつ喜んではいないけれど、これはブレニンに責任をなすりつけるようなことではない、ブレニンは道徳的な責任を負えるような動物ではないのだと、ニヤニヤしているカーデッキのスタッフに話した。ブレニンは道徳の受け手と見なされるべき存在であって、道徳の主体ではない。ブレニンには自分がしていることが理解できなかったのだから、それが悪いということも理解しなかった。ただ外に出たかっただけなのだ。他の動物と同じように、ブレニンも権利、一定の扱いとライフスタイルを受ける権利をもつが、権利にともなう責任はない。こうしてわたしは、こんな状態の中でプライドの高い哲学者ができる唯一のことをした。家に帰って、これについての本を書いたのだ。

基本案は、契約をより公平にすることによって、動物をも社会契約に含める道を探す、というものだった。仲間といっしょに、たった一つのピッツァを注文したとしよう。どのようにしたら、ピッツァを誰にも公平に分けることができるだろうか。簡単な方法がある。切り分ける人をひとり選んで、その人が最後の一切れを受け取ることにするのだ。自分がどの一切れを受け取るか知らなければ、自分が得になるように分けることはできない。だから、ピッツァを公平に切り分けるしかない。

では、ピッツァが社会だとしよう。どのようにしたら、自分が暮らす社会が公平なものであるようにできるだろうか。ピッツァを公平に分けられるようにしたのと同様、公平な社会を保障するには、ある人に社会組織のあり方を決めさせはしても、その人が社会の中でどんな地位につくかは知らないようにしておくのだ。この空想的な方法はもともと、ハーバード大学の哲学者、故ジョン・ロールズによって導き出された。ロールズはこれを「原初状態」と名づけた。

ロールズは原初状態の発想を、契約を公平なものにする方法として使っている。彼は、社会的な正義は公平さに還元されると考えたのだ。わたしは本の中で、ロールズが原初状態を導き出すときに、不公平の源を見過ごしたと反論した。ロールズは、社会のあり方を決定する人には、自分が誰なのかとか、自分の価値は何なのかといったことについての知識を排除すべきだと主張する。社会のあり方を決定する人は、自分が男になるのか女になるのか、黒人か白人か、裕福なのか貧しいのか、頭が良いのか悪いのか、といったことや、信仰心があるのか、それとも無神論者なのか、利己的なのか利他的なのか、といった点を知らされていない。けれども、ロールズはまだその人に、自分が何者であり、何ができるかを知るのを許している。その人は、自分が人間であって、合理的に考えることを知っているのだ。わたしは、契約を真に公平にするためには、この点についての知識も排除すべきだと論じた。さらにまた、ロールズは自分ではそうするつもりはなかったとしても、暗にこうした知識も排除する立場に立ってしまったのだとも論じた。その結果、一種のロールズ的契約論が導き出された。これを知ったら、ロールズ自身は嫌がったであろうが。だが、この契約論の長所は、契約に動物だけではなくて、従来の契約のヴァージョンでは排除される人々、つまり子ども、高齢者、精神病患者などの弱者も含められる、という点である。

6

こうして、『動物の権利——哲学的な防衛』（Animal Rights: A Philosophical Defence）という本が完成した。初版の表紙にには、ブレニンの姿が載っている。これはわたしの最初の本ではなかったが、この本のおかげで、七年にわたるアラバマでのパーティーの後、キャリアがふたたび軌道に乗った。このために払った代償は、使い物にならなくなった車と肉なしの一生だけである。

後者は、あの日のブレニンの破壊欲がもたらした辛い帰結である。もちろん、もしわたしが当時すでに、道徳の社会契約的な見方について考えていなかったら、この教訓は効果を発揮しないまま終わっていただろう。実はその頃、このテーマで大学院で教えてすらいた。それでも、今後ヴェジタリアンとしていささかわびしい暮らしをしようという決意は、この不運な出来事の重なりがきっかけだった。もし、わたしが原初状態（先述の本でわたしが新たに示した、原初状態のより公平なヴァージョン）にあるなら、肉を食べるために動物が飼養されるような世界は選ばないであろう。動物たちはみじめな生活をし、恐ろしい死で終わるからだ。それに、原初状態では、自分がどの種の動物であるかも無知のヴェールの背後になければならないので、わたしがこれらの動物の一種である可能性もある。原初状態にあるなら、このような世界を選ぶのは不合理である。したがって、そのような世界は非道徳的である。これはわたしの立場から見ると、いささか残念なことではあった。汁気たっぷりのステーキやフライドチキンを食べたくなるからだ。けれども、道徳は時には不都合な面もあるのだ。

わたしは一時は、完全菜食主義者《ヴィーガン》ですらあった。道徳的に言えば、今もヴィーガンであるべきだ。これこそが、動物に対する唯一の徹底して道徳的な姿勢だからだ。でも、わたしは極悪非道の人間ではないにしろ、望ましいほど善人でもない。それで、ブレニンをもヴェジタリアンにすることで復讐しようとした。ところが、ブレニンはそれにはちっとも興味を示さなかった。わたしがヴェジタリアン・ドッグフードだけを出したところ、あからさまに拒否した。誰がブレニンを責められよう。これをペディグリー・チャムの缶詰に混ぜていたら、事態は違っていたかもしれないが、もちろんそれでは、本来の目的と矛盾してしまう。とうとう、わたしたちは妥協した。わたしはヴェジタリアンとなり、ブレニンはペスクタリアン〔魚、乳製品、卵を食べるヴェジタリアン〕となったのだ。ドライタイプのヴェジタリアン・ドッグフードに缶詰のツナ（イルカにやさしい方法で捕獲されたとされるマグロで、水銀含有量が高いキハダマグロは入っていない）をミックスし、ときには数個のチーズのかけらを混ぜた。ブレニンがわたしほどには肉を恋しがらなかったことを願うばかりだ（わたしは今でも食べたくなる）。実際には、ブレニンはこの新しいダイエットの方がおいしいと感じたのではないかと思う。とりわけ、チーズを混ぜ込んだ日には。もし、そうでなかったのなら、ブレニンはわたしの車を食べたときのことを考えるべきだったし、わたしがカーデッキのスタッフに言ったことなどくたばってしまえだ。

ブレニンにダイエットを押し付けたのは、非道徳的だっただろうか。そうだと言った人はいた。けれども、それに代る選択肢を考えてみよう。一日につき、肉をベースにしたドッグフードをカップ二杯と肉の缶詰一つを消費したとすると、ブレニンが一生をまっとうするまでに、数頭の牛が必要になったはずだ。たとえドライフードには、表示されている量の肉などまったく入っていなかったとしてもである。ブレニンは新しい食事を楽しんだようで、以前と同じようにモリモリ食べたし、いずれにしろ、缶詰のツナの方がイヌ用の缶詰の肉よりもおいしいのは確かだ。こうして、ほとんど不都合もなく新しいダイエットに切り替えられ、数頭のウシの命が助かった。もしブレニンが食べるのを拒否したり、食事の量が少なくなったり、体重が減ったり、病気にでもなっていたら、事はまったく違っていただろう。しかし、端的に言うと、この選択は、ブレニンのさほど重要でない利害と、数頭のウシの命にかかわる利害のどちらを取るか、という問題だった。そして、これが本質的には菜食主義の道徳的な論拠である。悲惨な生活や恐ろしい死を避けさせたい、という動物の命にかかわる利害の方が、ご馳走を楽しみたいという、相対的には些細な人間の利害よりも重大なのである。ブレニンがヴェジタリアンではなくて、ペスクタリアンだったことを考えると、新方式はマグロにはいささか苛酷になった。それでも、マグロはウシよりははるかに良い生活をおくっている。少なくとも、わたしは自分にそう言い聞かせた。

7

契約は実際には権力と詐欺に関係していることを、わたしは以前示そうとした。わたしの本は、契約について近年に書かれたほとんどすべてのものと同様に、権力の不均等が道徳的な決定にあたえる影響をいかに最小限にとどめるか、ということを論じていた。けれども、これでは真の問題には触れないままに終わる。契約において本当に誤っている点を解決するには、契約をより公平にしようとするだけでは足りない。真の問題は詐欺であり、その根底にある計算である。契約は、サルがサルどうしのやりとりを調節するために発明した方法なのだ、と今のわたしには思える。

契約というプリズムを通して、何が正しくて何が誤っているのかを考えると、そこには、本質的には未知の者のためにデザインされた道徳のヴィジョンが見られる。道徳の目的は、お互いをほとんど知らない者どうし、お互いをとくに好きではない者どうしのやり取りの調整である。この方法で道徳を考えると、正義（公正さ）が第一の道徳的な徳目であるという考え方に行き着く。ロールズの言う、社会機関の「第一の徳目」だ。道徳的に言えば、未知の者どうしは公正さなくして、どのようにやりとりできるだろう。

ところが、未知の者への道徳にくわえて、群れのメンバーのための道徳もある。ホッブズは、自然は歯と爪が血に染まっていると考えた。わたしが自然のことを考えるときには、生後六週間のブレニンのことを思う。初めて家に連れてきた日のブレニン。何でも壊してしまうけれど、抱きしめたくなるほど可愛い、大きな茶色のテディーベア。これこそが、わたしたちがお互いに順応する前のブレニンの姿、ブレニンがわたしの文明に組み込まれる前の姿だった。自然は、わたしたちが文明と呼ぶもの以上に歯と爪を血に染めはしないし、誰もが他のすべてを敵に回す戦争もない。オオカミの命は短いことがあるが、わたしたちの命もまた短いかもしれない。オオカミは孤独ではないし、わたしたちが物事を測る尺度に照らした場合においてだけ、貧しいだけである。

五月の午後、ブレニンがわたしの家に来て一時間ぐらいたった頃には、わたしはもう、この抱きしめたくなるほど可愛い、カーテンとエアコン設備の小さな危害者《ネメシス》を愛していたし、その後もずっと愛した。もちろん、ブレニンはわたしを助けてくれる立場にはなかったし、その時点ですでに明らかになっていたように、わたしの財布に被害を与えることがあった。こうした状況を変えるためにできることは、何もなかった。もし、わたしたちの間に契約があったとしたも、それは瑣末で、どちらかというと基本的で本能的な道徳にもとづいたものだった。このような道徳は正義ではなくて、忠節さを求めた。

ブレニンをペスクタリアンにした決断は、この点では異例だった。自分が出会ったこともなければ、出会うこともないであろう動物たちの利害を、わたしのオオカミの利害よりも優先させることはまれだったが、これは例外の一つだった。この場合には、忠節よりも正義を上に置いたのだ。正直に言って、この決断ができたのは、この場合に忠節が要求することがあまりにわずかだった一方で（ブレニンはほとんど不都合なく、新しいダイエットに切り替えることができた）、正義が要求することがあまりに明白だったからである。それでもこれは、今述べたようにまれな例である。道徳のジレンマについての討論で、学生たちによく話すことがある。「君たちが、食料のない救命ボートで一度もわたしとブレニンといっしょになったら、君たちの運命は終りだったはずだよ」と。学生たちは、わたしが冗談を言っているのだと思うらしい。

もっともむずかしい道徳的な課題の一つは、未知の者からの要求と群れの要求のバランスをとることだ。正義が要求することと、身内への忠節が執拗に要求することのバランスである。明らかに哲学はその歴史を通じて、道徳が未知の者のためにあるということを強調してきた。これは偶然ではなく、わたしたちがサルを祖先にしていることに由来すると思う。社会を未知の者の集まりと見なすなら、道徳は一種の計算、つまり、そこに関わるすべての者にとって(「最良」を等級づける何らかの尺度に照らし合わせた)最良の結果をもたらすための計算である。そして、計算こそは、わたしたちの内なるサルが一番得意とすることだ。わたしたち人間は仲間を見るのではなく、観察する。たくらみ、共謀し、公算性を計算し、可能性を評価する。そして、その間じゅう、自分が得をする機会をねらう。生きる上でもっとも大切な人間関係は、余剰と不足、利益と損失を目安に評価される。「君は最近、わたしのために何をしてくれた? わたしの要求を満たしてくれたかい? 君といっしょにいることで、わたしは何が得られ、何を失う? わたしはもっとうまくやれるだろうか?」といった具合だ。社会全体に向けられる計算、合理的というよりも道徳的な計算は、単にこの基本技能の延長である。わたしたちサルにとっては、契約に関連させて考えることは当然である。契約は、期待される利益のために払う意図的な犠牲でしかないからだ。契約という考え方は、わたしたちの奥深くにある何かを成文化したもの、つまり、はっきり表現したものにほかならない。計算は契約の核をなし、人間の内にあるサルの心臓部となる。契約は、サルによるサルのための発明物であって、サルとオオカミの関係については、まったく語ることができない。

なぜわたしたちは、少なくともわたしたちの一部は、イヌが好きなのだろうか。なぜわたしはブレニンを愛したのだろうか。ここでもメタファーの力を借りなければならないが、イヌはわたしたちの魂の、久しく忘れられていた領域の奥底にある何かに語りかけるのだ、と思いたい。そこには、より古いわたしたちが住みついている。わたしたちがサルになる前に存在していた部分だ。これはわたしたちがオオカミだった頃の魂だ。このオオカミの魂は、幸せが計算の中には見出せないことを知っている。本当に意味のある関係は、契約によってはつくれないことを知っている。そこでは、忠節心が最初にある。このことは、たとえ天空が落ちても、尊重しなければならない。計算や契約は常にその後に来るのだ。わたしたちの魂のサル的な部分が、オオカミ的な部分の後に来るように。

6 幸福とウサギを求めて

1

アイルランドでの数年間は、ブレニンの最盛期だった。体格の良いおとなに成長し、肩の高さは九十センチ、体重は六十八キロあった。わたしがいっしょに育ったグレートデンと同じくらい背が高かったが、ブレニンの方がはるかにたくましかった。四肢は母親と同じように長く、その先にわたしの拳ぐらいの大きさの足があった。一方、胴体は父親に似て、どっしりとしていた。幅広いくさび型の頭はがっしりとした肩に据えられていた。胸は深くたれ、尻部はほっそりしていた。こうした姿は、何よりも雄牛を思わせた。実際、アラバマでの子ども時代から今にいたるまでに、ブレニンがどれほど変貌したかを思うたびに、ディラン・トーマスの詩「ラメント」が心に浮かんだ。男がしまりのない雄ネコから、筋骨たくましい雄ウシへと変身する描写だ。子ども時代のブレニンに見られた、鼻の中央を走る黒い筋は色が薄くなったが、今でも見分けることができ、その両側を、昔と同じように謎めいたアーモンド形の目が囲んでいた。ブレニンの写真はあまりない。当時は写真を撮ることができなかった。それでも、昔をふり返り、ブレニンのイメージを心に焼き付けようとするとき、そこに出てくるのは三角形だ。いろいろな三角形が目に浮かぶ。ブレニンの頭と鼻がなす三角形、その上の耳の三角形、肩から尾へと傾斜する体側の三角形、脚と巨大な足へとスロープする、前方から見たときに、胴体がなす逆三角形。鼻の黒い筋と黄色いアーモンド形の目が焦点をなしていて、この焦点のまわりに、これらすべての三角形が配置されていた。

一年ほどコルクで暮らした後、ブレニンに友だちをつくってやらなければならないと決心した。わたしよりもたくさんの脚ともっと冷たい鼻をもつ友だちだ。五年前に「タスカルーサ・ニュース」を隅々まで読んで探したときのように、今度は「コルク・エグザミナー」を丹念に読んで、「マラミュート」の広告を見つけた。これには驚くと同時に、不安にもなった。マラミュートは北極犬で、ハスキーと同様にソリ用のイヌであるが、ハスキーよりもはるかに背が高く、体も大きい。それよりもっと重要なのは、ブレニンが表向きには「マラミュート」として通っていたことだ。人から「これは何犬ですか」と聞かれるたびに、わたしは「マラミュートです」と答えていた。どういうわけか、アイルランド人は大きなイヌを恐がる。もし、誰かがブレニンがオオカミであることを知ったなら、わたしたちはこの国から逃げ出さなければならなかったか、あるいはもっとひどい状態になっていたかもしれない。

毎日、ブレニンを連れて仕事先まで歩いて行く途中で立ち寄る、小さな店があった。ある日、店の外にかけられた掲示板に、「オオカミ」という見出しの記事が出ていた。オオカミとの（小さめの）ミックス犬についての、とても悲しい話だった。このオオカミとのミックス犬は家から逃げ出して、北アイルランドの田舎をさまよい歩いていた。これは北アイルランドの出来事なのに、アイルランド共和国のメディアは大騒ぎをした。この店で毎日、わたしに缶コーラとチーズサンドを出してくれる女性も同じだった。お定まりの、事をよく知りもせずに話すくだらないおしゃべりだ。話している間、彼女はブレニンに目をやることもなかった。ブレニンには慣れきっていたのだから。「子どもたちはどうなるの？　オオカミは追放されるべきよ。オオカミは殺人鬼なのだから」。結局、このオオカミは、ある愚かな農夫に近づいたために射殺された。もしかしら、このミックス犬は農夫に、食べ物がないかと聞きたかったのかもしれない。こうして、この女店主とアイルランドの子どもたちは、また安心して眠れるようになった。この例からも分かるように、クラーク・ケント〔スーパーマンの地球上での名前〕と同じように、ブレニンも正体を秘密にしておく十分な理由があったのだ。「マラミュート」はそのための方法だった。マラミュートはアイルランドでは知られていないに等しかったので、今後もこれが通ることを願っていた。

翌日、カウンティー・クレアのエニスのすぐ向こうにある小さな村にドライブした。家から三時間のところだ。子犬たちの父親は、本当にマラミュートだった。茶色の大きなイヌで、ブレニンと同じぐらい大きかった。そのため、もちろんブレニンはこの雄イヌを嫌った。一方、母親はマラミュートではなくて、小型のドイツシェパードだった。おそらく、これまで見た中でもっとも醜いシェパードだ。

わたしの経験では、姿が似ていない両親をもつ子犬は、成長すると必ず醜い方の親に似る。だから、この子犬はやめておこうと思った。ところが、子犬たちを見たとたんに、気が変わった。子犬たちはガレージで飼われており、汚物とノミにまみれていた。わたしは一頭だけでも助けてやろうと決心し、中で一番大きな雌を選びだした。わたしは子犬には弱いのだ。それでも、家へと戻る途中、明らかに気落ちするのを感じた。なんてこった、少なくとも十年ぐらいはこの醜いドイツシェパードとやっていかなければならないなんて、と思った。けれども実際には、その週は運が良かった。この子犬は、これ以上望めないほど最高にやさしく、勇敢で、賢いイヌへと成長したのだ。姿も決して醜くはなかった。わたしはニナと名づけた。大好きな本の一つ、『存在の耐えられない軽さ』に出てくるイヌは、アンナ・カレーニナにちなんでカレーニンと名づけられていた。それで、わたしはカレーニナの略称であるニナにしたのだ。

イヌを飼おうとした第一の理由は、ブレニンに仲間をつくってやりたかったからだ。けれども、ブレニンは最初はありがたがらなかった。子ども時代のニナは、ブレニンを一瞬たりともそっとしておくことなく、絶えず悩ませた。ニナはすぐに、ブレニンがもつ野生の遺産を利用することを覚えた。ブレニンに食べ物を吐き出させる方法を発見したのだ。ニナが数秒だけブレニンの鼻づらを激しくなめると（ブレニンは顔をそむけようとするのだが、ニナは容赦しなかった）もう、ブレニンの夕食が口から出てきて、ニナはそれを喜んでむさぼり食べた。これは感動的であると同時に吐き気のするような光景だ。ニナはまたたく間にとても太った子犬となり、ブレニンはとてもやせたオオカミとなった。ついにブレニンは、ニナには到達できない庭の一区画を見つけた。ほぼ垂直に、一メートル以上切り立つ斜面に跳び上がったのだ。そして夕食後はとくに、ここに数時間も引きこもるようになった。ニナは斜面のふもとでキャンキャン鳴きながら跳びはねたが、無駄だった。といっても、こんなひと休みは数週間しか続かなかった。すぐにニナがブレニンを追って斜面を登れるほど大きく成長したからだ。それでも、ブレニンはその間に失った体重をとり戻すことができた。

ニナに絶えず悩まされてはいても、ブレニンはニナの大きな守り役を果たし、他のイヌも人間も、ニナに近づくのを許さなかった。これはわたしにとって、あの週の二番目の幸運だった。ニナがやってきて数日後の真夜中ごろ、裏庭で物音がした。庭は四方を高さ二メートル半ほどの大きな生垣で囲まれていたから、人が偶然庭に入り込むことなどなかった。わたしには物音は聞こえなかったが、ブレニンには聞こえたらしく、部屋を突進して窓に跳びつき、前足を窓枠にかけた。ブレニンを外に出してやると、庭の端の、いつもニナから逃れて引きこもる斜面を駆け上がっていき、一本の木の後ろに消え、ふたたび出てきたときには、一人の男を地面に押さえつけていた。さて、次の部分を書くのはためらわれる。あまり立派だとは言えないわたしがあらわになるからだ。アメリカ合衆国に長く住んでいたせいで、当時はまだアメリカの国民性にとっぷり浸っていた。そのときも、最初に頭に浮かんだのは「オー、マイ・ゴット！　もしあいつが銃をもってたら、どうしよう。ぼくのオオカミを撃ってしまうだろう！」ということだった。それで庭に走っていって、男を蹴りながら、「マザー・ファッカーめ、動くな」と叫んだ。だが、もちろん彼は動いた。オオカミに喉元を押さえられ、狂った男性に蹴られ、卑猥な罵声を投げつけられたら、動くなといっても無理だろう。しばらく後には、すべてが落着した。わたしは男を羽交い絞めにした。彼は大柄で、わたしと同じぐらいの年恰好だった。もし、わたしが一人だったら、かなり困ったことになっていただろう。「オレの庭で何をしてたんだ？」と聞くと、彼は「な、な、な、なにも」と言った。そこで彼を家から連れ出し、通りへ放り投げた。

当時は電話がなかったので、警察に電話をかけることはできなかった。だが、アドレナリンが静まるにしたがって、自分がいささか乱暴すぎたことがはっきり見えてきた。自分がしたことの無法さが徐々に意識されてきた。もし、今でもアメリカにいて、侵入者をこの方法でタックルしていたら、ほぼ確実に、隣人からも警察からも祝福されただろう。けれども、家宅侵入者を捕らえるのにオオカミを使うことに対しては、格段に懐疑的なアイルランドでは、これが通るとは思えなかった。幸い、これは十月下旬の寒い夜での出来事で、男は分厚いコートを着ていた。だから、ブレニンがひどい傷を負わせたとは思えない。少なくとも、男を追い出したときに、はっきりした血の跡は見えなかった。それでも、いろいろ考えると、ブレニンをここから出してやる潮時かもしれない、と思った。これは過剰反応だったかもしれないが、北アイルランドでのオオカミとのミックス犬の出来事で、わたしはかなりパラノイアをきたしていた。それで、ブレニンを数週間ほど両親の元において、事がいくらか静まるのを待とうと決心した。急いで荷物をバッグにつめ、ブレニンとニナを連れて、徹夜でロスレアのフェリー港までドライブする準備をした。これなら、午前九時のフェリーをつかまえ、アイルランド警察がわたしたちの居所をつきとめる前に、うまく国を脱出できるだろうと思ったのだった。

すると、ドアをノックする音が聞こえた。もう警察が来たのか。わたしはカーテンを引いて、玄関のあたりをのぞき見た。色々な思いが頭をかけめぐった。人は包囲されたとき、正確にはどのように振る舞うのだろう。それに、銃ももたずに包囲されたときには、どうするのだろう。ましてや、人質もない場合には？　けれども、こうした心配は杞憂であった。ドアをノックしたのは、隣に住む女性だった。ブレニンとわたしが攻撃した男は、彼女の別居中の夫だった。この男はときどき、たいていは一杯飲んだ後にやって来ては、彼女に暴力を振るったそうだ。少なくともわたしとブレニンにとって幸いなことに、この男には家への立ち入り禁止命令が出されていて、妻の家から三十メートル以内には近づいてはならないことになっていた。だが、どうやらこの男はこの命令を破っていたのだ。この状況からすると、男が警察に通報する可能性はとても低いと思われた。ロスレアへの深夜の脱出は延期することにした。

あの夜、どれほど運が良かったかは、今でも信じられないほどだ。確かに、真夜中にわたしの庭に誰かが侵入したのは、良いこととは言えない。それでも、近所にわたしたちのような者がいて欲しいと誰が思うだろう。子どもが生垣をよじのぼって、庭に入りこんでいたら、どんなことになっていただろう。あの女店主だったら、まさにそう言うだろう。といっても、実際には何も悪いことは起こらなかったと思う。ブレニンは一生の内にさほどたくさんの子どもには出会わなかったが、出会ったわずかな子どもたちの誰をも、感動するほどやさしく、慎重に扱った。この夜の出来事のあと、ブレニンは隣家の小さな男の子と懇意になった。そして男の子も母親も、ブレニンをとても好きになった。

それでもこのエピソードがきっかけで、しばらく前から前意識の中に潜んでいたと思われる何かが、意識されるようになった。ブレニンもわたしもいささか激しやすいので、少々危険すぎるのだ。もし、わたしたちがカウボーイだったなら、他人はわたしたちの指が引き金を引きたくてむずむずしている、と描写しただろう。あの夜の行為を思い出すたびに、この事がわたしの心に浮かぶ。男に向かって突進するのがちょっと性急すぎたし、蹴りを入れたわたしの足は、ブレニンの閃光を放つ歯を応援するには、いくらか激しすぎた。わたしたちがお互いに対してもつ忠節心は、第三者に対する正義感をはるかに超えてしまった。わたしたちは一つの群れだった。二人の国民から成る国だ。そして、わたしたちの国の外にいる者は、わたしたちにとって本来あるべきほどには重要ではなくなってしまっていた。

この出来事を見て、文明社会にはブレニンの居場所がない、と言う人がいるかもしれない。それは正しいかもしれないが、もしそうなら、わたしもまた文明社会に居場所がない、と付け加えたい。この夜を境に、わたしたちは人間世界からだんだんに遠のいていった。正直言って、この世界にわたしは嫌気がさし始めていた。この世界には、事実上ブレニンに対する射殺政策があることに、嫌悪を感じた。荷物をバッグにつめて、いつでも逃げられる用意をしておく難民でなければならないことに、嫌気を感じた。もちろん、こうした思いはメロドラマじみた過剰反応だった。実際にはこうしたことは、わたしがいずれにしろ実行しようとしていたことをするための、口実となった。本当の変化は世界ではなくて、わたしの中にあった。アラバマで暮らしていた頃の、社交的なパーティーアニマルから、まったく別の何かになったのだ。孤独で、周囲に順応できない人間嫌いだ。世間のどこにも属していると感じなかった。人間にうんざりしていた。人間の臭いを自分の鼻からぬぐい去りたかった。

この出来事の二、三ヶ月後に、わたしたちはコルク・シティーを引き払った。隣の女性とその息子は、わたしたちが去るのをとても悲しがった。もしあなたの人生が、大きくて獰猛なイヌのために悲惨なことになったなら、そしてあなたの文明がそれに対して何もしてくれないのなら、あなたが時に必要とするのは、あなたのことを見守ってくれる、もっと大きくて、もっと獰猛なイヌなのだ。

2

わたしはノックダッフ半島にある、元は門番小屋だった小さな家を買った。アイルランドの南海岸の町、キンセールから数キロ、コルク・シティーからは約三〇キロ離れていた。この家に一目ぼれした、と言いたいところだが、現実はちょっと違う。それまでもしばらくの間、住むべき場所を探していたのだが、いつもどたん場になってご破算になった。たいていは売主の優柔不断さのためである。それで、キンセールでこの家を二分ほど眺めたあとの反応は、「これでいけるだろう」ぐらいのものだった。売主に買値のオファーをすると、十分以内に商談は成立した。この家は一七〇〇年代に建てられた門番小屋で、厚さ一メートルの石でできており、石の壁は白く化粧塗りされ、窓とドアは塗装されていない石で縁取られていた。家の正面と裏には茶色のステイブルドア〔馬小屋式ドア。上下に分かれていて、別々に開閉できる〕があった。そして、壁が厚いために、窓の下枠〔窓の開口部の土台となる部分〕も奥行きがほぼ一メートル近くもあった。外で少しでもあやしい物音がすると、ブレニンとニナはステイブルドアのところに立って、大きな手を下のドアの縁にかけた。上のドアが閉まっていると、窓の下枠の上に跳びのって、脅かすように外をにらんだ。ブレニンとニナは、世界で最高の侵入者威嚇装置だったに違いない。実際これを見ると、ほとんど誰もが恐がった。郵便配達夫のコルムは車《ヴァン》から降りるのをちょっとためらったが、その気持ちはよくわかる。彼は座席にすわったまま警笛を鳴らし、わたしが手を振って「大丈夫だよ」と合図するまで待った。わたしは家の前に郵便受けを取り付けて、彼がその「動く保護地帯」から降りずに郵便物を投げ込めるようにした。

この家の特徴は、二つの言葉で容易に描写できてしまう。小さくて、ベーシック。ブレニンとニナすらも、この家がちょっと粗末だと感じていたと思う。この家には全部で五つの部屋しかなかった。居間、浴室、二つの寝室、キッチンだ。これらのどれもがとても小さかった。成り行き上そうなったのか、奇妙な意図からなのか、なんらかの気まぐれのために、家じゅうで一番大きな部屋は浴室だった。集中暖房装置があるにはあったが、この装置は自分がそうしたいときだけしか作動しなかった。作動しないときには、わたしは家の外にあるボイラー室まで行って、そこに住み着いているネズミ家族と、ボイラーの問題を解決させてもらえるかを交渉しなければならなかった（ブレニンとニナが、この特殊な困難をすみやかに取り除いてくれた）。この家はわたしが生まれて初めて所有した家だった。他人からは気が狂っていると思われた。ちっぽけで、湿っていて、すきま風が通るこの家に払った価格は、高級レストランのあるキンセールのファッショナブルな地区ですら、高すぎるとされるほどの額だったからだ。それでも、心配する必要はなかった。当時のアイルランドの不動産市場の状況にしたがえば、鶏小屋を買ってもまだ、大儲けができたはずだからだ。

本当に気に入ったのは、この家がある場所だった。この家は、ラスモア半島のキンセール市から三キロほど離れたところにあった。(門番小屋につづく母屋は廃墟になっていた。)ブレニン、ニナ、わたしは、毎日何百エーカーもの起伏のゆるやかな農村地域を走ることができた。ドアから出さえすればもう、目が届くかぎりに広がる大麦畑の真っただ中にいた。畑を下っていくと森林地帯があり、その向こうは海だった。

すぐにブレニンとニナは、大麦があるところにはネズミもいることを発見した。そして、大麦の中でネズミを見つけるには、辺りをぐるっと観察しなければならないこともすぐに突き止めた。そのために、高く跳び上がらなければならなかった。この動きにネズミは恐がって、あわてて逃げた。ブレニンとニナはジャンプした瞬間に、高い位置からネズミたちの動きを見て、捕らえることができた。わたしに見えたのは、二頭がときどき空中にジャンプしては、すばやく麦畑に潜る瞬間だけだった。麦の海から跳ね上がるサケといったところだ。こんなにうれしそうな姿を目の当たりにすれば、心が舞い上がらないわけにはいかない。もっとも、ネズミはそうは思わなかっただろうが。

大麦畑を下っていくと、森林地帯にたどり着いた。林の縁にはウサギの巣穴があった。状況に合わせて、ブレニンとニナの行動も変わった。大麦畑でのジャンプから、忍び足モードへと切り替えて、穴から出て日向ぼっこをしている不注意なウサギに、こっそり近寄ろうとした。これは、ブレニンの方がニナよりもはるかに熟達していた。ニナは攻撃に出るのが早すぎて、チャンスを逃してしまうのが常だった。この点では、ニナにとても感謝している。『動物の権利』の本を書いて以来、わたしは公的にも私的にも、スポーツや食物のために動物を殺すことに反対の立場をとっていたからだ。ネズミ殺しにも反対だ。といっても、ネズミがボイラー室に住み着いたときには、目をつぶりがちだったが。妻に暴力をふるう真夜中の家宅侵入者に対しても、わたしは暴力というテーマに関してあまりにあいまいな態度をとった。それでも、動物に対する残酷な仕打には断固反対だった。信じられないことに、わたしは昔よりももっと変わり者になっていた。道徳的なヴェジタリアン、変わり者中の変わり者となって、動物の肉という味覚の楽しみもなく、残りの人生を惨めにおくる羽目になった。これもすべてブレニンのせいだ。ブレニンのあれやこれやのウサギ狩り戦術を撃沈させるたびに、わたしはブレニンにこのことを思い出させてやるのだった。

3

アラバマからアイルランドに移ったときには、文明からできるだけ離れた、書き物以外には何もすることのないような田舎に家を見つける計画だった。ほとんどの面で、この計画が気に入っていた。ガールフレンドは何人かできたが、わたしの暮らしに入り込んでは去るが、時計のように正確に、定期的にくりかえされた。彼女たちがわたしの暮らしに入ってきたのは、おそらく、わたしが都会的でウイットに富んでいたし（少なくとも、そうする気になったときには）、いまだに並外れてハンサムだったからだ。少なくとも大学教師にしてはハンサムだった。長年にわたる飲酒でも、顔はくずれなかった。彼女たちが去ったのは、わたしが彼女らに対してほどんど愛情も感じず、便利な性欲のはけ口としか見ていないことをすぐに見てとったからだ。わたしは他人と生活を共にできる状態にはなかった。わたしには別の関心事があったのだ。

本当のところ、自分は生まれついての人間嫌いなのではないかと思う。これは自慢できるようなことではないし、わたしが追求している性格の一面でもなければ、そうなろうと努力したわけでもない。それでも、人間嫌いの面は見紛うことなくある。わずかな例外を除いては、他人と関わっているときにはいつも、自分がしていることは時間つぶしだという感覚、あいまいで物思いに沈んだ状態が、付きまとった。そのために、アルコールが人生に入り込んできた。友だちとちょっと時間を過ごすときでも、酔わないではいられなかった。それはウェールズでも、マンチェスターでも、オックスフォードでも、アラバマでも同じだった。だからといって、これが楽しくなかったわけではない。その逆で、大いに楽しんだ。それでも、もしアルコールが入っていなかったら、事情が違っていたのは確かだ。それにこれは、自惚れた学者が自分と対等な知性をもつ者といっしょにいたがってほざいている言葉ではない。学者にはもっと退屈させられるのだから。落ち度は、わたしが友人と呼んできた人々にあるのではなく、わたし自身にある。わたしには何かが欠けている。何年もかかって徐々にはっきりしてきたのは、自分がした選択、自分がこれまで歩んできた人生は、この欠けているものへの反応だということだ。わたしに関して一番重要なものは、まさにわたしに欠けているものだと思うのだ。

職業の選択がまさしくこの欠けているものの表現であることは、ほとんどまちがいない。純粋な数学や理論物理学といった高度な範疇をのぞいては、哲学以上に非人間的なものはほとんど想像できない。冷たく、水晶のように透明な純粋さをもって、ひたすら論理をあがめ、荒涼として冷たい理論と抽象の山頂をめざそうとする決断。哲学者であるということは、根こそぎにされた存在なのだ。哲学者のことを考える時まっさきに頭に浮かぶのは、バートランド・ラッセルだ。ラッセルは五年間、毎日一日じゅう大英図書館にすわって、『数学原理』を書いた。数学を集合論から導き出すとは、信じられないほど困難かつ天才的な（ただし成功しそうもない）試みだった。彼が辛辣に「ときどき役立つ理論」と呼んだ集合論だけを使って、一プラス一が二であることを証明するだけでも、彼は六十八ページも書かなければならなかった。ここからも、この本がどれほど長いものになったかは想像がつく。ニーチェのことも思い出す。友人も家族も金もなく、国から国へとさまよう障害者。彼の作品は、スタート時は成功しそうに見えたが、その後は拒否され、嘲笑された。この二人が払った代償を想像してみるとよい。ラッセルは知性の点では、二度と以前のようにはならなかった。ニーチェは狂気へと沈んだ。ただし、これには梅毒が関係していたかもしれないが。哲学は人間を壊す。哲学者に対しては、がんばれと言うよりも、お悔やみを述べるべきなのだ。

このように、わたしの中には生まれたときから人間嫌いの面があって、それが出てくる機会をねらっていたように思える。青少年時代には、人間嫌いは自分の箱の中にうまく隠れていた。ところが、アイルランドに越してきたとき、ついに出現の時がきたのだ。数学ではまったく役立たずであるのは確かだが（マンチェスターで工学を一年だけ学んだときに、この点は決定的にはっきりした）、哲学はおそらく、この野心的な人間嫌いを適度に助長することができる、唯一の職業だったのだろう。人間世界からの亡命を自らに課したのは、こうした状況の論理的な帰結でしかなかった。そして、大きな、悪い、オオカミのブレニンは、この逃避の象徴となった。ブレニンはわたしの最良の、そして唯一の友というだけではなかった。ブレニンが代弁してくれること、すなわち暖かさと友情に満ちた人間世界を拒否し、氷と抽象の世界を受け入れる態度を通して、わたしは自分を理解し始めていた。北極の人間になっていたのだ。田舎の小さな家、すきま風の吹く寒い家、ほとんど機能せず、たまに機能しても家を暖めてくれない暖房装置のある家は、こうしたわたしの新たな感情的な孤立にぴったりの、肉体の殻だった。

両親はわたしのことをとても心配した。両親の元に行くのはますますまれになったが、たまに行くと、父母は決まってこう言った。「そんな生活をして、どうやって幸せになれるの?」

4

多くの哲学者によると、幸せには本来備わった価値があるという。幸せは他の何かのためにではなくて、それ自身として価値があるという意味だ。わたしたちが価値を認めるたいていのものは、それが他の事物をもたらしたり、他のことをしてくれるから、価値がある。たとえば、人が金に価値を認めるのは、金で何かを買うことができるからだ。食べ物、住まい、安全、おそらく一部の人は幸福まで金で買えると思っている。わたしたちが薬に価値を認めるのは、薬が健康回復に果たす役割のためだ。金と薬は媒体としては価値があるが、本来的に価値があるわけではない。幸せだけが本来的に価値がある、と考える哲学者もいる。幸せだけが、それ自身として価値があるもの、それによって得られる他の何かのゆえに価値があるわけではないものだというのだ。

両親がわたしのことを心配してくれた、一九九〇年代末期から現在にいたるまでに、幸せははるかに大きな意義を獲得した。哲学においてはそれほどではないが、もっと一般的な文化において重要になった。幸せはビッグビジネスにもなった。幸せになる秘訣を教えるありとあらゆる本を出すために、何百万ヘクタールもの森が生贄として祭壇に捧げられた。一部の政府もこれに乗って、物質的にはわたしたちは祖先よりもずっと豊かなのに、祖先よりも幸せではないと説く研究の、スポンサーになった。幸せは金では買えないということを証明するのは、どのような政府にとってもたいへん便利なのである。

そして、避けられないことではあるが、ついに学者たちもうまい汁を吸えることを嗅ぎつけ、これに加わった。通行人に声をかけて（あるいはもっと正確には、大学院生に通行人に声をかけさせて）、「どんな時、あなたは一番幸せですか」などという、恥知らずな質問に答えさせた。もちろん、はにかみとか慎み深さは、二十一世紀初頭の西側諸国の美徳基準ではランクが高くないから、多くの人は本当にこの質問に答えた。どうやら人々はセックスをするときが一番幸せで、上司と話すときが一番不幸せのようで、この点ではあらゆる調査結果が一致していた。それなら、上司と話しながらセックスする場合はどうなのか。これははっきりしない。そのような人は、甘くて苦いオポチュニストなのかもしれない。

「どんな時、一番幸せですか」という問いに「セックスをしているとき」と答えるなら、わたしたちは幸せを何だと思っているのだろう。幸せを感情の一つだと思っているに違いない。しかも、とくに楽しみの感情だと。セックスはある程度うまく実践すれば、楽しみの感情をもたらしてくれる。同様に、上司と話すときの不幸せはおそらく、こうした会話がもたらす落ち着かなさや不安、もしかしたら嫌悪や軽蔑といった感情とも関係しているのだろう。このように幸せと不幸せは、一定の感情に還元される。この考え方を、幸せには本来備わった価値があるという哲学者たちの主張と組み合わせてみよう。幸せがそれ以外の何かのためではなくて、それ自身のために人が人生で求める、おそらく唯一のものであるという主張とだ。すると、単純な結論に到達する。人生でもっとも大切なのは、ある一定の形の感情をもつことなのだということになる。人生の質、人生がうまく運ぶかうまくいかないかは、その人がどのような感情をもつかによって決まる、というわけだ。

人間を特定なことへの依存症患者とかジャンキーにたとえると、人間の特徴がわかりやすくなる。おそらく大型類人猿の一部は例外として、これは他の動物には当てはまらない。人間は一般に薬物のジャンキーではない（ただし、一部の人は明らかにそうであるが）。けれども、人間は幸せのジャンキーだ。幸せのジャンキーは、自分にとって本当はあまり為にならないこと、どのみちそれほど重要ではないことを執拗に追い求める点で、薬物のジャンキーと共通している。だが、幸せのジャンキーの方が、ある明瞭な一点においてはたちが悪い。薬物のジャンキーは、自分の幸せがどこから来るのかを、まちがって理解したが、幸せのジャンキーは、何が幸せなのかをまちがって理解した。両方とも、何が人生で一番大切なのかを認識できない点では、一致している。

幸せのジャンキーにはあらゆる形と大きさがあり、社会のあらゆる階層に見られる。幸せジャンキーであることを示す針の跡が腕、脚、足に見られるわけではない。毎日、注射をしたり、薬物を鼻からすする必要もない。一部の人々は「十八〜三十歳・幸せジャンキー」だ。彼らは毎週、金曜日と土曜日の晩に自分が住んでいる町の繁華街に出かけ、酔っ払い、セックスをし、こうしたことがうまくいかない場合には（またはうまくいった場合でも）、喧嘩に巻き込まれる。さらに一年に一度か二度はイビザ、コルフー、クレタ、カンクーンなど、その年に行くことになった場所に旅行をして、そこでまさしく同じことを、いつもよりもやや強烈にする。彼らにとっては、これが幸せを意味する。幸せは楽しみであり、楽しみこそがもっとも大切なのだ。

十八歳から三十歳でなくても、「十八〜三十歳・幸せジャンキー」になれる。土曜日の夜の繁華街やコルフーへのチャーター便の人口統計《デモグラフィー》に明るい人なら、そう言うはずだ。一生、「十八〜三十歳・幸せジャンキー」のままで終わる人もいる。けれども、年齢が進んで、のろく、弱くなるにつれて、洗練されてくる人もいる。こうした人々はまず、幸せのコンセプトを、「十八〜三十歳・幸せジャンキー」に特徴的な、むきだしの快楽主義的・退廃的な感情以上のものへと拡大する。成熟し、洗練された人々にとっては、幸せはセックス、ドラッグ、アルコールがもたらす感情だけに存在するわけではない。あるいは、これらは幸せの主要な要因ですらない。今や彼らはもっと重要な感情を認識する。ステラ・アルトワ〔ベルギーのビール〕の小川と結びついた、単純明快ではあってもしばしば衰弱もさせる楽しみに代って、一杯か二杯の質のよいラトゥール〔フランスの高級ワイン〕がもたらす、精妙な身震いが好まれるようになる。ほとんど知りもしない人々とのセックスで得られる刺激的な楽しみに代って、「真剣で」、実際、性的な活動のレベルの点では事実上は兄弟姉妹的に近い関係の、より繊細な楽しみが好まれる。ジャック・ケルアック〔ビートジェネレーションを代表する作家の一人〕が「燃えろ、燃えろ、燃えろ、みごとな黄色のローマ花火のように、星の間を爆発する蜘蛛のように」と書いたような、燃えることへの欲望は、自分の赤ん坊がよだれをたらしたり、最初の言葉かもしれない何かをつぶやくのを見るときの、繊細で暖かい光にとって代られる。

このように人が洗練されるにしたがって、幸せのカテゴリーに入れようとする感情の種類も拡大される。それでも、この拡大は本来のモデルの上に築かれる。幸せがどんなものであろうとも、ある種の感情ではあるのだ。この点で人間は定義される。永遠に続く、むなしい感情の追求だ。これは人間だけに見られる特徴だ。人間だけが、感情がこうも大切だと思っているのだ。

このように感情に執拗に集中する結果、人間はノイローゼになる傾向がある。これは、意識の集中が幸福感の創出からその検討へとシフトするときに起こる。人生のあり方について、「自分は本当に幸せだろうか？　パートナーは、自分の要求を適切に理解してくれているだろうか？　本当に子育てに生きがいを見出しているだろうか？」といったように。もちろん、自分の人生を検討するのは悪いことではない。人生はわたしたちがもっているもののすべてであり、良い人生を生きることは、あらゆることの中でもっとも重要だ。それでも、人間に特徴的なのは、自分の人生について検討することイコール、自分の感情の検討だと、誤った解釈をしてしまう点である。そして、自分の感情を検討するとき、自分の心の内を見つめ、そこにあるもの、そこにないものを見るとき、そこから到達する答えはしばしば否定的な答えになる。自分が感じたい、あるいは自分が感じるべきだと思っているような形には感じないのだ。そうなったとき、どうするだろう。良き幸せジャンキーであるわたしたちは、次なるヤクを探しに出かけるのだ。若いツバメや女の子、新しい車、新しい家、新しい人生、新しいなら何でもいい。ジャンキーにとっては、幸せはいつも、古くてなじみのあるものよりも、新しくてエキゾティックなものと一緒にやって来る。もし、すべてがうまくいかなかったときには（たいていはそうだ）、高い報酬で仕事をするプロの一団が控えていて、どうやったら次のヤクを得られるかを喜んで教えてくれる。

手短に言えば、人類という種をもっとも明確かつ単純に特徴づければ、こうなるだろう。人類は感情を崇拝する動物なのだと。

5

誤解しないでいただきたい。わたしは決して、感情とかセックスに反対なわけではない。ブレニンもそうだったようだ。五月の、アイルランドで経験したもっとも暑い二週間のある晩、ブレニンは姿を消した。こんなことはその時だけだった。ブレニンとニナを庭に出して一瞬背を向け、ふり返ったときにはもうブレニンはいなくなっていた。その尾が塀を越えて消えるのが見えた。高さ一・八メートルの石塀だ。塀を乗り越えられたことには驚かなかった。驚いたのは、彼がそうしたがったという点だ。それまでは、逃げ出したいそぶりを見せたことは一度もなかった。急いで道路に走り出たが、姿はもう見えなかった。そこで、ニナをジープに乗せると、ブレニンを探して走り回った。数キロ走ったところで、ついにブレニンが白いドイツシェパードと「現行犯」しているのを見つけた。シェパードの飼い主は激怒した。ただし、控え目に言っても、さかりのついた雌イヌを監視もせずに庭に出しておいて、何も起こらないと思う方がおかしいのだが。

事はすべて、シェパードの飼い主にとってとても好都合に運んだ。最終的には、子犬を売ることで一儲けできたのだ。ブレニンはその頃までにはキンセールの地元では有名になっていたので、彼の子どもを買うためには高額も惜しまない、という人には事欠かなかったようだ。一方わたしは、もう一頭イヌを飼うという重荷を背負うことになった。ブレニンの子どもの少なくとも一頭は、子犬への義務感から引き取るしかなかったからだ。ブレニンに去勢手術を受けさせてはいなかった。かわいそうでどうしてもできなかった。これは予想されるように、男性特有の感情である。男性は、自分の雄イヌを去勢させることを考えただけでも、目に涙が浮かぶ。その一方で、雌イヌに避妊手術を受けさせるのは平気だ。こちらの方がはるかに危険をともない、身体に影響がある措置なのに、平気なのだ。

それでわたしも、手術をしても危険はないと獣医が言うとすぐに、もう若くはない哀れなニナに避妊手術を受けさせた。だから、ブレニンとニナについて心配する必要はなかった。もうこれ以上イヌは欲しくなかった。実際、ジープの後部座席をはずしても、ブレニンとニナをやっと乗せられるほどだったから、もう一頭のイヌが加われば、前部座席のわたしの隣にすわらせるほかなかった（読者もご存知のように、後日、実際にそうなった）。だが、先のような事情で、三ヶ月半後にもう一頭のメンバーが加わることになった。ブレニンの娘、テスと名づけられたミックス犬だ。

倫理的なジレンマの重荷も、わたしは背負わなければならなかった。こちらの方が、イヌが増えることによる予想可能な負担よりももっと深刻だった。それまで、わたしはブレニンを繁殖用に出してはいなかった。ブレニンの子どもがどのような動物になるか、想像できた。きっと、ブレニンに似た子どもになるだろう。子ども時代のブレニンがどんなであったかは、記憶に新しかった。それに、たいていの人は、わたしがブレニンと過ごしたような時間をブレニンの子どもと過ごせるような境遇にないことも、承知していた。だから、ブレニンの子どもにとって、事態はもっとひどくなると確信していた。このジレンマは、いまだにわたしに付きまとっている。ブレニンの子どもたちが（今日では年老いたイヌになっているはずだ）元気でいることを願っている。すばらしい暮らしをしていることを祈っている。といっても、子どもたちのすべてがそんな暮らしをしているわけではないだろう。これについてはとても気になっている。

ブレニンは、セックスがどういう結末をもたらすかについては、ほとんど何も知らなかったらしく、このセックス遠足を楽しんだようだ。実際、その後の日々には、この偉業をくり返そうと何度も試みた。庭から出られないようにさせられると、眠りながら泣いた。だから、もしブレニンが幸せについての前述の調査に参加することができていたら、「どんなとき、一番幸せですか」という問いに、「セックスをしているとき」と答えたかもしれない。もしそうだとしたら、ブレニンにとって、これはとても不幸である。本当に幸せだったのはたった一回だけ、ということになるのだから。もちろん、もし野生で育っていたなら、幸せがもっと少なかった可能性は高い。群れのアルファ雄になれなかったら、一度もセックスは許されないのだから。

それでも、オオカミにとって実際に大切なのはセックスではないし、どういう類であれ感情でもないと思う。人間と違って、オオカミは感情を追求しない。オオカミが追求するのはウサギなのだ。

6

人からよく、ブレニンは幸せだったかと聞かれた。人々が実際に言いたかったのはもちろん、どうしてオオカミを野生から取り出して（残酷で無責任なヤツだ）、人間の文化その他によって束縛された人工的な生活を強いることができたか、ということだ。これについてはすでに述べた。それでもここで、この反論が正当だと仮定しよう。もしそうなら、ブレニンは自然なことをしているときに、一番幸せだったと予想できる。セックスはこうしたことの一つだ。そして狩りもその一つだ。

わたしは多くの時間、ブレニンが狩りをしている様子を観察して、狩りをしているときに何かを感じるとすれば、それは何なのかを探り出そうとした。ウサギに忍び寄るとき、ブレニンは何を感じたのだろう。ウサギは敏速で、するりと身をかわし、一瞬で走る方向を変えることができる。全速力での直進ではブレニンの方が足が速かったが、ウサギ特有の動きにはついていけなかった。そのため、こっそり忍び寄らなければならなかった。忍び寄りで重要なのは、自分が置かれる状況をある意味で再編成することだ。自分の強みが発揮できて、獲物の強みには左右されないような世界をつくりだすのだ。これは骨の折れるプロセスで、楽しいというよりも、楽しくないことの方がずっと多いのではないだろうか。

ブレニンの忍耐は息を飲むほどだった。ほとんどの時間、鼻と前脚をウサギの方に向けて体を地面にぴったりつけ、筋肉を緊張させて、いつでも跳躍できる準備をしていた。ウサギが別のことに気をとられると、数センチ近寄り、またも体を地面につけて不動になり、動くための次のチャンスをうかがった。もし邪魔が入らなかったら、こうしたプロセスがどれだけ続いたかははっきりしないが、少なくとも十五分は続行したのを観察したことがある。自分の強み（不意をつき、短距離で驚くほど加速する）が、ウサギの強み（一瞬で方向を変える）よりも効果的である状況をつくりだそうとした。ありがたいことに、ふつうはこういう状況になるよりずっと前に、ウサギはブレニンの存在を嗅ぎつけた。ゲームが終わったことがわかると、ブレニンはそれまで延期させられていた行為を一挙に爆発させた。そして、たいていの場合、空手で戻ってくるのだった。

このような狩りをしているときが幸せだったのなら、ブレニンにとって幸せとは何だったのだろう。ここには緊張の苦しみがあり、心と体は硬直を強いられ、攻撃したいという欲望とそんなことをしたら失敗するかもしれないという知識との葛藤は避けられなかった。一番したいことを自分に許さない、という作業を何度も何度もしなければならなかった。ブレニンの苦痛は、こっそりと数センチだけ前進することで部分的に緩和されただけで、足を止めればまた、同じプロセスが最初から始まるのだった。これを幸せというなら、エクスタシーよりも苦痛の方が大きいように見える。

ブレニンはウサギを捕まえたときだけ幸せだったのだ、と言う人がいるかもしれない。わたしはそうは思いたくない。ほとんど捕まえられたことはなかったからだ。けれども、ブレニンの行動は明らかにこの意見とは反対の徴候を示していた。成功しても、失敗しても、ブレニンはいつも目を輝かせてわたしのところに走ってきて、興奮して体のあちこちに跳びついた。ブレニンは幸せなオオカミだったと、わたしは確信している。もしそうなら、ブレニンの幸せは、顎がウサギの肉に嚙みついたときの喜びの感情とは、ほとんど関係がないと言える。

ブレニンの狩りは他の何よりも、わたしが人生の別の部分でしたこと、すなわち哲学を思い出させる。わたしはウサギには忍び寄らなかったが、思考に忍び寄った。ブレニンは、捕らえるには難しすぎることの多いウサギに忍び寄った。わたしは、考えるには難しすぎる思考に忍び寄った。十分に努力するなら、以前には考えることができなかったようなことを考えられるように、自らを強いることは可能である。まさしく自分にとっては困難すぎるがために考えることができなかったことを、無理にでも考えるのだ。ただし、これは非常に不快な作業で、心を痛める。まず第一に、自分にとってあまりに困難な領域をもがきながら進む、という不快さが長く続く。湿地の塩気を含んだ泥水の中で、ランドマークを見つけられず、岸の固い土への足がかりも得られないような状態だ。それから、何週間も何ヶ月もたって、考えが浮かんでくる。思考が形をとり始める。ここで忍び寄りが始まる。思考は、喉に異物があって、それがゆっくりと昇ってくる感じに似ている。解放されるという甘い約束もいっしょに昇ってくる。だが、これが行き止まりであることが明らかになると、このつかえは深く沈んでいき、ひどい食べ物のように、硬く、執拗で、不快に体の内にとどまる。それから、ふたたび新しい道と希望が自分の中から昇ってくるのがわかる。思考が訪れるのを感じることができる。もう少に思考が浮かんでも、無理に考えるのではなく、ウサギが巣穴に戻るように、もう少しのところだ。けれども、これもまた熟してはおらず、再び奥へと沈んでいく。ウサギに無理強いできないのと同じように、思考を無理強いすることもできない。期が熟したときだけ、思考は訪れ、ウサギは捕まるのだ。それでも、浮かびかかった考えを無視することはできないし、ただ待ってばかりはいられない。その考えに圧力をかけ続けないと、二度と現れない。もし幸運で勤勉ならば、いつかやっと思考は訪れ、以前には考えるには難しすぎたことを考えられるようになる。これで解放されるのは否定できないが、これで解決というわけではない。まもなく、新しい思考に移ることになり、不快な作業はまた最初からやり直しになる。

幸せはただ楽しいだけではない。とても不快でもある。わたしにとってはそうであり、ブレニンにとってもそうだと思う。だからといって、苦しみを経験しないと喜びを評価できないなどという、よく知られた月並みな知恵のことを言っているわけではない。そんなことは誰もが知っている。この月並みな知恵は、良い経験と悪い経験の評価の間にある因果的な依存関係を主張している。不快なことを経験していないと、すばらしいことに出会っても、それを見分けられないというわけだ。幸せが不快だというのは、これとは違う。むしろ、幸せはそれ自体が、部分的には不快だと主張したい。これは幸せの必然的な真実である。幸せはそうであるほかないのだ。幸せにおいては、楽しい側面と不快な側面が分かちがたく一体をなしている。この二つの側面を、すべてを崩壊させることなしに、分離させることはできないのだ。

7

ブレニンは闘うのが好きだった。闘っているときが幸せだったのではないかと思う。ブレニンには気の毒だったが、わたしはブレニンが紛争に巻き込れるのを許さなかった。わたしは、首を突っ込みたがるブレニンの個性を取り去ってやろうとしたのだが、成功はしなかった。ブレニンが年老いて、弱くなってから、やっと安心して雄の大型犬に近づくのを許せるようになった。これはブレニンの性格の、誉めようのない面だったが、理解はできた。

若い頃、わたしはかなりのアマチュアボクサーで、学生時代には時々この技能を小遣い稼ぎに利用した。アンコウツとかモス・サイドといった、地元を巡回する非公開の場で開かれる無許可の試合だ。といっても、モス・サイドはできるだけ避けるようにした。利口ですばやい黒人の若者が多すぎたのだ。試合の参加費五十ポンドを払うと、その夜は運がよければ、数回闘える。最初の試合に勝つと、五十ポンドの払い戻しを受ける。二回目も勝つと、参加費の倍額が戻ってくる。三回目も勝つと、二百ポンドになった。この金で当時は数ヶ月は暮らすことができた。だが、一度でも負ければ、そこで終りだ。わたしの目標は三回の試合に勝つことだった。四回目の試合では、体を隠し、逃げの一手を決め込んだ。負けを受け入れ、ひどいダメージを受けずにその場から退散した。勝ち進んでしまうと、強いボクサーと闘わなければならないので、それを避ける手段だった。

見物人はもちろん、こういうのは喜ばず、不満を昔ながらのやり方で表現した。ブーイングのコーラス、脅かし、わたしの祖先や性的な嗜好についての疑問を放った。けれども、記憶にもっとも強く残っているのはこうしたことではなくて、リングまで歩くときの気持ちだ。見物人は当然、血を求めておたけびを上げ、わたしは恐怖心のあまり視界が狭まり、目の前が細いトンネルのように見えた。脚はギクシャクし、うまく動かせなかった。呼吸は困難になり、苦しかった。ここで吐かないですんだのは、すでに吐いてしまっていたからだ。このような感情と反応が、試合が始まるまで続いた。けれども、試合開始の直前になり、逃れる見込みもまったくなくなり、リングのコーナーに立って相手を見ると、すばらしい静かな感情がわたしの中を流れた。この感覚はつま先と指先から始まって、波のように体じゅうを包んだ。

これは特殊な静けさだった。恐怖感が消えたわけではなく、恐怖が重要でなくなっただけだ。闘っている間は、集中力の黄金の泡に包まれた。恐怖感はまだあったが、静かでポジティブなものになり、これとともに、描写しがたい一種の歓喜が訪れた。この歓喜は、自分が得意なことをしている、ということから発していたが、同時にまた、自分の能力の限界を少しでも残して闘ってはならない、という意識にも由来している。この歓喜は、一種の「知」として説明するのがおそらく一番当たっているだろう。

ボクシングの闘いは個人的なものではなかった。金色の泡の中にいると、相手に対する敵意はまったく感じなかった。これは非個人的な、いわば知的な努力だ。これを知的と描写するのは奇妙に聞こえるかもしれないが、こう表現するのは、ボクシングがある種の知識を具現化しているからだ。この知識はボクシングに固有なものだ。これを他の方法で得ることはできない。相手がジャブを入れた後に、どれだけの時間、手を伸ばしているかを、わたしは正確に知っている。相手の手が見えなくても、これが分かる。相手が右クロスを打つときに、足で何をしているかを知っている。たとえ相手の足を見なくても、これが分かる。集中力の泡の中、そして、肉体的かつ情動的な能力の限界点にいると、ふだんなら分からないことも知ることができるのだ。相手がジャブの後に一瞬まだ手を伸ばしている。わたしは頭でジャブをかわすと、次に左クロスで相手の腕の内側へとカウンターパンチを打つ（この描写を理解できる人には、わたしが左利きだということに気づくだろう。少なくとも相手が右利きボクサーだとすればだが）。相手の顎へのパンチがピタッと決まると、歓喜を感じる。これは相手を嫌いだから感じる歓喜ではない。その反対で、集中力の泡の中でわたしは相手に対して何の感情ももっていない。歓喜を感じるのは、冷たく静かに、死ぬほど恐がっているからだ。闘うというのは、相手だけではなく、自分自身の存在に関わる窮地をも知っているということだ。自分が絶壁の縁にバランスをとりながら立っていて、どちらかの方向にちょっとでもまちがった動きをすれば、悲惨なことになることを知っているのだ。

生きることがもっとも本能的、したがってもっとも活気に満ちているときには、歓喜と恐怖は区別できない。どのような動きも破滅に導くことがあるという知識は、もっとも強烈な歓喜を可能にするだけでなく、この知識が歓喜と融合して、歓喜の一部になる。恐怖と歓喜が表裏をなす。同じ形態《ゲシュタルト》の表裏をなすのだ。歓喜が純粋に楽しいことは決してない。必然的に、とても不快でもあるのだ。

8

弁神論とは、人生の不快さの理由をさぐり出そうという試みだ。名前が示唆しているように、弁神論は伝統的には神を擁護する。神がすることは計り知れず、神はわたしたちに試練を下し、わたしたちに自由な意志をくれた、などなど。ところが、無神の弁神論と見なせそうなものもある。中でもニーチェのそれは、おそらくもっとも有名だろう。ニーチェは、より強くなるために必要な手段は痛みと苦しみだと考えた。とどのつまり、あらゆる弁神論は信仰行為である。これらはみな、直接的または間接的に、人生には目標や目的があるという観念を抱いているからだ。人生には意味があるという観念との関係で、弁神論は、恐れ、痛み、苦しみがどこに位置しているかを突き止めることを目標とする。もっともむずかしい課題の一つは、人生には意味がないということを学ぶことだけではない。人生には意味があるとか、人生に意味があるべきだという観念が、なぜ、本当に重要なことからわたしたちの目をそらせてしまうのか、ということも知るべきである。

わたしは、痛みや苦しみを正当化しようとしているわけではない。一つの弁神論を提案しようとしているわけでも意味はない。人生には意味はない。少なくとも、人がふつうに考えるような形では、意味ない。だから、痛みや苦しみは、人生の意味には貢献しない。それでも、わたしはやがて、人生は価値をもてるのだということを学んだ。人生の中で起こるある種の出来事のゆえに、人生は価値をもつことができると。背の高い草の間にすわって、ブレニンがウサギに忍び寄る様子を眺めているうちに、人生で大切なのは感情ではなくて、ちゃんとウサギを追いかけることなのだということを学んだ。わたしたちの人生で最良のこと、よくある表現を使えば一番幸せなときは、楽しくもあり、とても不快でもある。幸せは感情ではなく、存在のあり方だ。わたしたちが感情に集中するなら、大切な点を見失ってしまう。

けれども、わたしはやがて、これと結びついた教訓を学んだ。人生でもっとも不快な瞬間が、もっとも貴重である場合もある。そして、こうした瞬間がもっとも貴重であり得るのは、ひとえに、それらがもっとも不快だからなのだ。わたしたちの行く手には、たくさんの不快な瞬間が訪れることになった。

7 地獄の季節

1

アイルランドで五年ぐらい過ごす間に、わたしたちの暮らしにはある決まった日課ができた。これはわたしのキャリアにとってても好都合だった。毎朝わたしは、起きたいと思ったときに起床した。それからブレニンと二頭の雌イヌといっしょに散歩に出かけた。畑を通り抜け、海まで走った。それから、コルクまで車で行って、教官としてなすべきことをこなした後、ジムに出かけた。そして、たいてい六時頃には帰宅して、原稿を書き始め、午前二時ごろまで仕事をした。

ニナが我が家に来てからは、仕事に出かけるときには、ブレニンを家に置いていくようになった。その頃までには、ブレニンの破壊欲は目に見えて弱くなっていた。ブレニンの不振を補うために、ニナがベストをつくしたのは確かだが、最悪の行為でも、壊すことにかけるニナの巧妙さと力は、ブレニンにはまったく及ばなかった。ブレニンは家に置いていかれるのを喜びはしなかったし、わたしもオフィスや教室にブレニンがいないのは寂しかった。ある時など、講義の最中にブレニンが家にいるような気がして、教室の隅に目をやり、一瞬ショックを受け、それからやっと、ブレニンが家にいることを思い出した。それでも、ニナのように若いイヌを家にひとり残しておくのは、不公平だと思った。とくに、ブレニンとわたしが車に乗って出かける光景がニナに見える場合はそうだった。その後、テスが加わると、テスはニナと仲良く付き合ったので、昔の習慣に戻って、ブレニンはわたしの行くところへはどこでもついてきた。

半分オオカミであるテスは、たぶん若い頃のブレニンの半分ぐらい破壊的だった。だが、これだけでも十分ひどかった。テスは家の中にあるほとんどすべてのものを食べた。祖母から相続した高価なアンチークの椅子は、テスの歯にあっては二、三週間しかもたなかった。キッチンとユーティリティー・スペースの間は、乾式工法の壁板〔モルタルやセメントなしの壁という意味〕で仕切られていたが、この壁をテスはある日の午後だけで、食い破ってしまった。自由を求めて裏庭に出ようとする真剣な試みだったようだが、それはできなかった。テスは、ブレニンが子どもの頃にもっていたカーテンへの好みを受け継いだ。キッチンのカップボードを開けて、中にある物を食べる方法も、すみやかに学んだ。食べられる物なのかどうかには、ほとんど構わなかった。開けられないようにする掛け金をカップボードに取り付けたところ、これもテスは食い破ってしまった。ついには、あちこちつつき回るのを止めて、カップボードそのものまで食べた。午後のそんな破壊活動のために、家の権利書まで失くなってしまった。テスが食べてしまったらしい。少なくとも、犯人はテスだと推測された。ただし、家には二頭がいたのだから、テスだと確信があったわけではないが、いずれにしろ、散々な目にあった。だが、三頭を大学の講義に連れていくことはほとんど無理だった。

こうして、晩に帰宅して午後の破壊騒ぎの結果をむっつりと見て回った後、書き物を始めるのが常だった。書いている間、いつもジャックかジムかパディ〔いずれもウイスキーの銘柄〕のボトルが待ちうけていた。ふつう、八時間ぐらいは書いていたから、就寝のことはあまり念頭になかった。その結果、毎晩のように酔っていたにもかかわらず、五年間のアイルランド滞在の間に、六、七冊の本を書き上げた。テーマは精神と意識の本質に始まり、自然の価値、動物の権利にいたるまで、さまざまである。これらの本はまったくの無駄話というわけでもなかったようだ。驚いたことに、すぐれた雑誌の書評にいろいろと取り上げられた。それらのほとんどがたいへん好意的だった。アラバマからこちらに移りたての頃なら、わたしとは接触しようとしなかったはずの機関が、就職先をオファーしてきた。

最初は、引っ越すという考えには抵抗していた。ブレニンと雌イヌたちがこんなに好きな田舎から、彼らを引き離したくなかった。それでも、極端から他方の極端へ移るのは、わたしの人生ではかなり不変のテーマらしく、結局は、ロンドンで一年暮らしてみてどうなるかを見ようと考えた。コーク大学を休職して、ロンドン大学のバークベック・カレッジのオファーを受け入れた。

引越しの実際面では、最初はいささか心配した。これまでの二ページを読んだ人は、わたしのような者、アルコール中毒の作家で、三頭の非常に破壊的なイヌ科動物を抱えている人間に、家を貸そうと思うだろうか。気がふれている人しか、そんなことはしないだろう。だから、オオカミとイヌを連れてロンドンで家を借りるときの最初の原則ははっきりしていた。しらばっくれるのだ。「ハーイ、小さなイヌがいるんですが、それでも大丈夫ですか？」と。これは嘘というよりも、誇張の反対、過小表現とでも言おうか。効果をねらっての控え目な言い方だ。その効果とは、本当に家を貸してくれる人を見つけることだ。いやいや、これは確かに嘘ではある。その後さりげなく、家主がどこに住んでいるか、いくつか質問をする。「大家さんは近くにお住まいですか？　ケニアですって？　オーケー、この家、借ります」。

こうして、クリスマスが来る前に、ブレニンと雌イヌたちをジープに乗せて（ブレニンとテスは後部に、ニナは彼女が好きなフロントシートに）、フェリーを使ってブリテン島に渡り、クリスマスを両親と過ごしてから、ロンドンへとドライブした。アイリッシュ・フェリー社のフェリーを利用したときに、ブレニンがいささか不幸な出来事を起こしたので、その後はステナ・ライン社のフェリーに変えていた。ステナ・ラインが、航行中にイヌを収容するために大きな木製の檻を用意していたというのが、大きな理由だった。それでも、ブレニンは航行中に檻に入れられるのを嫌がり、たいてい不満をこの檻を壊すことで表現した。航行の終りにわたしが降りて行くと、決まっていつも、ブレニンがカー用デッキを走り回っていて、ブレニンのようには脱出できなかったテスとニナが、キャンキャンと鳴く声や遠吠えでコーラスしていた。ステナ・ライン社に切り替えて何回か航海した後のあるとき、航行の終りにカーデッキに降りて行くと、大工がダメージを受けた檻をいくつか直していた。彼は、余分な仕事を当てがってくれた男と知り合えて、喜んでいるようだった。この大工の言葉は、全体の状況をとても正確にまとめてくれたと思う。「なんで彼〔ブレニン〕が君といっしょに上に行くのを許可しないのか、ぼくには理解できないね。彼の方が乗客の半分よりは清潔だよ！」いずれにしろ、読者も想像できるように、今後しばらくは航行しないで済んで、ほっとしていた。たとえ、しなければならなかったとしても、ステナ社は乗船を許さなかったに違いない。

引越しの数週間前、わたしはブレニンと雌イヌたちを両親のもとに一日残して一人でロンドンに出かけ、ウィンブルドン・パークからほんの一跳びのところに、二部屋の小さなコテージを見つけた。一一〇〇エーカー〔三三〇ヘクタール〕、隣接するリッチモンド・パークも入れれば四千エーカー〔一二〇〇ヘクタール」の起伏に富んだ緑地帯には、追いかけられるためにだけ生きているような、小さな毛むくじゃらの動物がいっぱいで、ブレニンと雌イヌたちが気に入るだろうと思った。実際、これは当たっていた。

勇気を出して仕事に行く前に、まずブレニンたちを疲れさせる必要があったので、毎日、早朝に公園をいっしょに走った。ここは、森とロンドン・スコティッシュ・ゴルフコースが交互している。このコースはおそらく世界で唯一、イヌの立ち入りが許されているゴルフ場ではないだろうか。わたしたちは約八キロメートルの道のりを走ったのだが、ブレニンたちは少なくともその三倍は走った。リスを見つけるたびにそれを追って、森に入って行ったのだ。そもそもブレニンは、リスを目で見る必要すらなかった。やぶの中でカサカサと音がしただけで、走って行った。幸い、リスたちは敏速で、ブレニンの速力は落ちつつあった。それにニナもテスも、狩りの能力でブレニンのレベルに達したことは一度もなかった。おかげで、わたしたちの遠足が原因での、リスやウサギの死亡率はとても低かった。そもそも、わたしたちがいた一年間で、たった一頭のリスだけだったと思う。これによって三頭がどれほど大きな喜びを得られたかを考えれば、この程度の付帯的ダメージは受け入れられるものだったのではないだろうか。動物を追跡するたびに、ブレニンたちは目を輝かせ、跳んだりはねたりして、わたしのところへと戻ってきた。わたしはこう言った。「ヘイ、『わたしたちに似た動物』(Animals Like Us)の著者が飼っているイヌたちが、こんなことをするとはなあ!」と。

ジープに戻るまでには、三頭ともすっかり疲れていた。とくにブレニンはそろそろ中年から老年へとさしかかっていて、疲れやすく、一日の残りをほとんど眠って過ごした。ブレニンを仕事に連れていくのは、現実的ではなかった。この年齢では、謎だらけで目まぐるしく変わるロンドンの地下鉄に、簡単に順応できるとは思えなかった。三頭をいっしょに家に残していくときは、それぞれに一本ずつ、ブロードウェイのペットショップで買った、ゆでた大きな膝関節を与えた。これでペスクタリアンの食生活は一時的かつ部分的に解かれたわけだが、家主の家を破壊から守るという優先的な義務から、そうせざるを得なかった。ここに住んで一年間に一財産を失ったが(膝関節は一つが約五ポンドもした)、それでも家主のために新しいシステムキッチンを買うよりは安かっただろう。信じられないことだが、あの家に住んでいた一年に、雌イヌたちは何も壊さなかった。家を出るときには、カーペットをクリーニングさせたので、イヌがここに住んでいたとは誰も思わなかったに違いない。これが、ニナとテスがちょうど成長しきっていたためなのかは、不明である。膝関節でイヌの気がそらされたからなのかもしれないし、ブレニンが雌イヌたちを押し留めたのかもしれない。いずれにせよ、わたしは疑問を口に出すこともなく、これはみな人生の幸運のおかげだということにしておいた。

このようにして、幸いにも、帰宅するといつものような破壊や惨劇の場が待っているという事態は起こらなかった。一度だけ、帰宅してとてもおかしなシーンに出会ったことがある。これは後に、「三頭の太ったイヌの夜」という名のエピソードとなった。このタイトルは正確ではないが、「二頭の太ったイヌと一頭のオオカミの夜」とするよりは発音しやすい。この出来事はわたしの落ち度が原因だった。バークベックでは授業は夕方にだけあった。それである日、授業の後に(ふだんとちがって)、二、三人の友人とともに、ULU〔ロンドン大学学生組合のバー〕で、快くビールを数杯飲んだ。そして、やっと地下鉄の終電で家に向かい、真夜中すぎに帰宅した。留守中にブレニンたちは、ドッグフードが保管されていたパントリーに通じるドアを開けることに成功していた。そして、二十キロ入りドライドッグフードのほとんどを食べてしまったのだ。

わたしがほろ酔い気分で家に入ると、三頭はお馴染のなだめと懐柔のダンスを披露しようとした。わたしが喜ばないようなことをしてしまったことを自覚しているときに、いつも披露するダンスだった。耳をふせ、鼻が床につくほど頭を下げて、わたしの方へと歩いてくる身振りもまじっていた。そして、尾を激しく振り、実際には尾というよりも体全体を振った。ニナとテスはこのダンスを、毎日といってよいほど踊っていた。ブレニンもこのダンスができないわけではなかった。けれどもその晩のダンスパフォーマンスはいつもとはまったく違っていた。三頭とも、食べすぎて腹があまりに大きくなってしまったので、納得のいくようには踊れなかった。わたしの方へ歩こうとしても、よろよろしただけだった。体の幅が長さと同じになってしまっているので、いつもの懐柔用の胴体振りは披露できない。彼らはもう振れるものは何もなくなってしまい、やがてあきらめて、床にへたばってしまった。わたしがあれほど酔っ払っていなかったなら、ブレニンたちには後遺症が残るのではないかと心配したはずである。だが、酩酊状態のわたしはただ笑っただけで、そのまま寝てしまった。

翌朝、三頭に「散歩に行きたいかい？」と聞いた。これがわたしたちの毎日の儀式の開始で、ブレニンたちはふつうこれに答えて、遠吠えを上げながら家の中をはね回り、ときどき鼻でわたしを突っついては、早くしろとせかしたものだ。だが、この日はそれまでで初めて、何の反応もなかった。頭を床にぴったりとつけたまま、動こうとはしなかった。まぶたをちょっと上げたが、これは「この状態では何もさせないで、ほっといてくれ」と訴えるためだけだったらしい。この日、ブレニンたちが感じたのはおそらく、イヌ的二日酔いとでも言うべきものだったのだろう。これには同情できたので、その日は眠りたいだけ眠らせてやった。だからといって、立場が逆転した場合に、彼らが同じことをしてくれたわけではない。

2

ジャン＝ミッシェルは六十代半ばの陽気な老人だ。彼は人生を楽しんでいた。ブランデーをたくさん飲んだし、葉巻もすぱすぱ吸った。といっても、彼の人生で最大の楽しみは釣りだった。釣りを通して、わたしも彼と知り合った。いつも、わたしが住んでいた海岸で釣りをしていたのだ。仕事ではいつも遅刻した。それもちょっとした遅刻ではなくて、ひどい遅刻だった。けれども、南フランスではこんなことはあまり重要ではなかった。ここでは遅刻もライフスタイルの一つだった。それに、彼自身が経営者だった。ベジエ市で獣医を開業していたのだ。ジャン＝ミッシェル・オーディケとそもそも出会ったのは、わたしの運命における、まったく予想外の、あり得ないような運の良さによるものだ。けれども、ローラーコースターに乗るようなわたしの人生では、こういう運には必ずいささか嫌なことが付いてまわる。この年も例外ではなかった。

まずは良い方の話から。ロンドン生活はうまく行かなかった。その原因の大半は、わたし自身が怠惰で、付き合いが悪かったことによる。わたしは授業はしたが、それだけで終わりだった。新しい同僚たちと知り合おうという努力はしなかったし、大学じゅうに顔を売ることすらなかった。そのため、すぐに「幽霊」というあだ名をつけられた。それでも、時間をすっかり無駄にしたわけではない。ロンドンにいる間は著作活動を二つに分けた。書き始めるのは、午前七時ごろだった。この最初の四、五時間では、まじめな哲学について書いた。「まじめ」というのはもちろん、二、三百人程度の人しか読まないであろう、非常に学術的な哲学のことだ（学問の世界では、二、三千人の読者が獲得できる人はスーパースターだ)。こうした著作は、哲学系の学術雑誌か、オックスフォード、ケンブリッジ、マサチューセッツ工科大学などの大学出版会の刊行物となる。一方、晩になり、夜中も過ぎて、ジャック、ジム、パディが効きはじめる時間には、これとはまったく別のことを書いた。こうして『哲学の冒険』(The Philosopher at the End of the Universe. 邦訳・集英社インターナショナル)というタイトルの本ができあがった。ブロックバスター・SF映画という媒体を通しての、哲学入門書である。これを読んだ人は、この本がさまざまな酔いの段階で書かれたことを、難なく見抜くだろう。それでも、すべての人、とりわけ出版社が驚いたことに、この本はとてもよく売れた。実際、本が出版される前ですら、外国での著作権を売った金が入ってきた。それで、ロンドンでの仕事の契約期間が終わってそれほどたたないうちに、予期せずしてキャッシュの山の上にすわっていた。巨大な山ではないが、しばらく生きるには十分な金である。これを何に使うべきか現実的な案はなかったが、長雨には飽き飽きしていたので(誓って言うが、雨が降らない日は一日もなかった)、南フランスに家を借り、フルタイムで著作に専念しようと考えた。こうして、わたしたちはラングドック地方の中心にある、小さな家に引っ越したのだ。

家は、とある村のはずれにあった。この村の隣は、オルブ川臨海デルタ地帯の、息を呑むほど美しい自然保護地帯だった。保護地区の一部は海水のラグーンで、「メルール」と呼ばれていた。これはオック語の言葉で、英語の「沼地《マイル》」と同義語、おおざっぱには同音語でもある。ここではこの地方に特徴的な黒いウシ、白いポニー、ピンクのフラミンゴが群れをなしていた。毎朝、わたしたちは保護区を通って海岸まで降りて泳いだ。ブレニンと雌イヌたちにはフランス風のライフスタイルが気に入るだろうと思ったのだが、これは当たっていた。

ところが、引っ越してから一ヶ月くらいたった頃、ブレニンが病気になった。そういえば、ロンドンを出る前から、ブレニンの元気がなくなり始めたことには気がついていた。最初わたしは、ブレニンが年老いたからだと、軽く見ていた。けれども、ブレニンが夕食を食べようともしなくなったので、すぐに獣医に連れていった。地元の唯一の獣医、フランスでの数少ない知人の一人、それがジャン゠ミシェル・オーディケだった。この訪問にはあまり期待はしていなかった。ジャン゠ミシェルは英語を一言も話さなかったし、当時のわたしのフランス語能力は、学校時代に習ったレベル以上ではなかったので、獣医とはいえ医師との相談には十分ではなかった。それでも、ブレニンが深刻な病気にかかっているとは想像もしていなかったから、ジャン゠ミシェルはきっと、ブレニンは年老いただけで、気候が暑いために以前ほどには食欲がないのだ、と言うだろうぐらいに考えていた。

ところが、幸いにも、ジャン゠ミシェルはきちんと診察してくれた。わたしたちが到着したのは水曜日の午前十一時で、血液検査は十一時十五分までに終わっていた。十一時半には、ブレニンは手術を受けていた。ブレニンの腹部にしこりを発見したのだ。脾臓癌だということが判明した。しかもジャン゠ミシェルによると、破裂しかかっていた。彼は脾臓を除去し（脾臓なしでも生きられるらしい）、わたしはショック状態で家に戻った。けれども信じられないことに、ブレニンが晩までに、よろよろとではあるが立ち上がることができるようになったという知らせがきた。さっそく診療所にブレニンを迎えに行った。ジャン゠ミシェルは、「ほかには癌の徴候を見つけることはできなかったので、運がよければ、これは最初の癌で、転移してできた二次癌ではないだろう」と言った。血液検査の結果がほぼ一週間後に戻ってくれれば、もっと詳しいことがわかるという。それで、ブレニンを連れ帰ってゆっくり休ませ、二日おきに診察してもらうことになった。

ジャン＝ミシェルといると、治療がうまくいっていたり、あるいは少なくともそう思えるときには、それとわかる。というのも、こんな場合には、彼はもう一つのお気に入りのホビーである、ジョークに熱心になるからだ。わたしはフランス語には強くないので、たいていのオチは不明なまま終わってしまう。だから、彼は微妙なジョークや気の利いたジョークでわたしを落とすことはできなかった。そこで、深刻な目つきでわたしを見つめると、重々しく「セ・ネ・パ・ボン（事態はよろしくない）」と言いながら、首を振った。それから、もう一度わたしを見て、口を大きく開けてニヤリとして、こう言った。「セ・トレ・ボン（事態はたいへんよろしい）」と。これにはいつも引っかかってしまった。フランス語がへただったので、彼が言うことを理解しようと、懸命に集中していたからだ。

手術の二日後、診察から戻った直後に、合併症が出てきた。家に戻るまでのドライブでは、それまでの二日間よりもちょっとほっとした気分だった。ジャン＝ミシェルの診断はとても良好だったので、すべてはまたうまく行くだろうという希望をもち始めていたのだ。ブレニンは十歳になっており、もうそれほど長く生きられないことは承知していた。それでも、ブレニンをここで失う心の準備はできていなかった。この特別の危機は乗り越えられるだろう、という希望をもち始めていた。

ところが、家に着いて、ブレニンがジープから降りるのを助けているとき、尻の部分が血まみれになっているのに気がついた。すぐにブレニンを連れて獣医のところに戻った。肛門腺の一つが感染して化膿していたのだが、出血するまではわたしもジャン＝ミシェルも気がつかなかったのだ。それで、今やブレニンは尻の部分の毛を剃られるという、さらなる侮辱を受けなければならなかった。膿を出すために、肛門腺が切開された。ブレニンにはさまざまな抗生物質が投与され、わたしは彼を連れ帰った。ここから、本当のホラーが始まった。

ジャン＝ミシェルは、傷口部分を清潔に保つことは、命にかかわるほど重要だと教えてくれた。そのためには、ブレニンの尻を二時間ごとに温水と、わたしの翻訳が正しければ「フェミニン・ソープ（女性用の石鹸）」とジャン＝ミシェルが名づけた物で洗わなければならなかった。これはフランスの製品らしいが、どこの薬局でも買える。この買い物は楽しみでもあった。村の薬局に行って、カウンターの向こう側の魅力的な女性に、「フェミニン・ソープはありますか」と聞くのだ。わたしのボキャブラリーと文法だけでは通じないと、身振りも加えた。哀れで老いたブレニンの尻をすっかりこすり洗った後、次に肛門腺を洗浄しなければならなかった。洗浄器に抗生物質の液を入れて、それをブレニンの、今では切開されて膿んでいる肛門腺に差し入れ、液を注入する。これを昼も夜も、二時間ごとに毎日しなければならなかった。回復への鍵は、肛門腺の感染細菌が癌手術の傷へと伝染しないようにすることだと、言い含められていた。

ジャン＝ミシェルからは、翌日もブレニンを連れてくるように言われていた。まったく眠れない夜を過ごした後、ブレニンを連れていった。診療所に着くまでに、ブレニンのもう一つの肛門腺も化膿していて、いたるところから出血していた。「おお、神よ《モン・デュー》」とジャン＝ミシェルは言って、昨日と同じ処置をした。ブレニンの尻のまだ毛が残っている部分を剃り、もう一つの腺を切開した。それからわたしたちは帰宅して、長い週末を、洗浄と抗生物質の注入という二重義務を果たして過ごした。昼も夜も、二時間おきに。この処置の合間には、あまり眠ることもできなかった。ブレニンの首には、二つできた傷をなめさせないために、大きなプラスチック製のカラーがつけられた。ブレニンは明らかにこれが気に入らないようで、カラーを壁、テーブル、テレビなど、その場にあるあらゆる物にぶつけることで、不満を表現した。

もちろん、ブレニンは自分が受けた処置に喜んではいなかった。彼から見れば、水曜日に単に気分が悪いだけで獣医のところに行ったのに、今では二時間ごとにひどい扱いを受けているのだから。ブレニンはかつてほどではなかったにしろ、まだかなり強かったので、自分の尻にわたしが干渉するのをできるかぎり拒否しようとした。それで、わたしはブレニンを部屋の隅へと追い詰め、カラーをつかんで、石鹼水の入ったタライやスポンジや洗浄器を置いたところへと引きずって行かなければならなかった。ブレニンを床に押さえつけ、抵抗してもがくその体におおいかぶさり、ブレニンが力つきてもがくのを止めるのを待って、処置を始めた。処置の間、ブレニンはじっと横たわり、クンクンと泣いた。こんなふうに泣くのを聞くのは、これまでしなければならなかった一番辛いことの一つだった。

ブレニンを獣医にふたたび連れて行ったのは、週明けの月曜日だった。わたしはこの日をブラック・マンデーと呼ぶようになった。ブレニンの最初の肛門腺が除去されたのが前の週の金曜日、つまりブラック・フライデー、二つ目も除去されたのが翌日のブラック・サタデーだ。その月曜日、手術の傷に肛門腺の細菌が交差感染していた。ブレニンは今や、本当に重病のオオカミとなってしまった。ジャン＝ミシェルが処方した混合抗生物質は効かなかったのだ。金曜日にジャン＝ミシェルは傷の組織採取をして、検査に送ってあった。どんな種類の細菌感染が起こっているのか、そしてもっと重要な点である、どのような抗生物質が効くかを突き止めるためだ。けれども、検査結果が出るには数日かかった。その間、わたしたちは別の抗生物質を使った。オフロキサシンといって、過去においては非常に強い耐性菌にもよく効いた抗生物質だ。おまけに、ジャン＝ミシェルはブレニンの手術の傷をもう一度開いて、膿を出さなければならなかった。ブレニンの尻の洗浄と抗生物質注入は、その後の二日間も二時間おきに行われた。だが、今ではこれと同じことを、ブレニンのお腹の傷にもしなければならなかった。もちろん洗浄器は別のタイプのものである。

水曜日にブレニンを獣医に連れていくと、悪いニュースが待っていた。といっても、まったく予想外ではなかった。ブレニンは、多くの点でメチシリン耐性黄色ブドウ球菌と似た、抗生物質にとても耐性のある大腸菌の一種に感染していたのだ。この細菌はおそらく手術以前にすでに腸内に住み着いていたのだが、免疫システムの低下がきっかけで、急速に増殖したものと思われた。こうして、ブレニンに死が迫っていることは、ほとんど確実となった。

そこで、最後の切り札としてジャン゠ミシェルは、抗生物質の時代には使われないような、古めかしい方法を試そうと決心した。膝の復元や肩の復元は読者も聞いたことがあるだろう。そう、哀れなブレニンは、事実上お尻を再構成されることになったのだ。ジャン゠ミシェルは、ブレニンの尻がシミ一つないほど清潔なのに、細菌の強い臭気を放ち、肛門腺の下の部分が腫れているのに気がついた。そこから彼は、オオカミの進化が肛門腺に関しては、最大限に効率良く配置されたわけではなかったという結論に達した。肛門腺は、なわばりマーキング用に匂いの分泌物を貯めておくにはとても適しているが、望ましくない細菌感染を取り除くには、はるかに効率が悪いのだ。そこでジャン゠ミシェルはもう一度ブレニンに手術を施して、わたしの翻訳能力がまちがっていなければ、肛門腺を二、三センチほど下に移動させた（このアイディアがわたしにちゃんと伝わるまでに、わたしたち二人がどれほど身振り手振りをしたか、どれほどのスケッチを描かなければならなかったか、想像できるだろう）。わたしには詳細やメカニズムははっきり理解できなかったが、この措置の目標は、ジャン゠ミシェルによれば、膿をたまらせずに、自然な形で流れ出させることだった。それでも、彼もわたしも、もはや大きな望みはもっていなかった。

3

その晩、ブレニンをまた引き取りに行って、家に連れて帰り、死を迎えた。当時の日々の孤独感、寂寥感、絶望感を言葉にするのはむずかしい。一番恐ろしかったのは、ブレニンを失おうとしていることではなかった。あらゆる命はいつかは終りを迎える。それに、ブレニンが検疫所に収容されていた六ヶ月間を別にすれば、ブレニンの生涯にわたしは満足だった。状況の恐ろしさは、彼の命を救うためになすべきことをわたしがしている、という点にあった。もちろん、ブレニンの傷はおぞましかったし、腐敗臭を放った。この臭いは家中に充満した。けれども、恐ろしさはこんなこととは関係がない。恐ろしかったのは、わたしがブレニンに与えなければならなかった苦しみだった。二時間ごとに彼に与える苦痛、無駄なのはほとんど確実な苦痛だ。この苦しみの中心には、ある種の孤独感があったと思う。これはわたしの孤独ではない。そんなことは重要ではなかった。これはマイ・ボーイ、ブレニンの孤独だ。

ブレニンは恐がっていた。彼をなぐさめようとするわたしのあらゆる努力も、これを変えることはできなかった。かなりの痛みも感じていたかもしれないが、これについては確信はない。確かなのは、傷の洗浄（その時もまだ昼も夜も二時間おきにしていた）が、彼をたいへん傷つけていたということだ。傷を洗浄し、治してやろうと努力するたびに、ブレニンは弱々しい泣き声や高デシベルの悲鳴をあげた。わたしは自分がブレニンの愛を失おうとしている、と思った。こう考えるのは恐ろしかったが、これはそのときの状況の核心をついてはいない。ブレニンが回復してくれさえしたら、彼が残りの生涯でわたしを憎んでも、満足できるつもりだった。これはわたしが睡眠不足からくる精神の異常の中で神と結んだ、たくさんの取り決めの一つだ。前に述べた「ウンコが送風機《ファン》に当たったら」は本当のことになってしまった。わたしの子オオカミは今では年老いて、目の前で死にそうになっていた。

真に恐ろしかったのは、ブレニンがわたしの愛を失ったと感じるかもしれない、という思いだった。ブレニンは生涯の最後の数日のことを、自分を愛してくれていると思っていた男から拷問を受けた日々として回想するのではないか、と考えずにはいられなかった。わたしはブレニンを裏切り、捨てたのだ。しかもそれは、わたしだけではなかった。ニナとテスも、ブレニンの大きなプラスチックのカラーに恐れをなした。ニナとテスが横たわっているところにブレニンが近づくたびに、二頭は立ち上がって部屋の反対側に行ってしまった。これには心が打ちのめされた。わたしの心の小さな一部は、死ぬまで砕かれたままだと思う。人々はよく（ふつう、とても劇的なことを言おうとするとき）、わたしたちは誰もが一人ぼっちなのだと言う。これが真実かどうかは知らない。このような状況を擬人化するのはたやすいが、ブレニンは自分がとても孤独だと感じ、自分の生涯をなしていた群れから裏切られ、見捨てられ、それどころか虐待されたと感じたに違いない、と結論せずにはいられないのだ。

わたしは道徳的なことについては「帰結主義者」である。ある行為の善悪は、それがもたらす結果によってのみ決まると考えるのだ。地獄へいたる道は善意で敷き詰められている、と信じる者の一人だ。意図に対してはいつも深い不信感を抱いてきた。意図というのはしばしば仮面であり、仮面の内部の仮面だと思う。わたしたちの真の動機がもつ醜い真実を隠すために使う見せかけだ。わたしは、自分がブレニンと似たような状況にいたら他人からしてもらいたいと思うことすべてを、ブレニンにもするつもりだった。だから、ただ生きてさえすればよいという目的のために、ブレニンを生き延びさせようとはしたくなかった。自分がブレニンの立場におかれたら、ただ生きるためにだけ生かして欲しくはないからだ。けれども、もし自分が回復して、満ち足りた生活ができる望みがあるのなら、誰かにわたしのために闘って欲しいと思う。たとえ、彼らがわたしに何をしているのか、わたし自身にはわからないとしてもだ。だから、わたしもブレニンのために闘うべきなのだと、自分に言い聞かせた。たとえ、ブレニンにはわたしが何をしているのかが理解できなくても、そして、それをされるのを嫌がるとしても。このことを自分に何度も何度も言い聞かせた。ところが、もしかしたら本当は、ブレニンなしの生活に直面する用意がわたしになかったのかもしれないし、これに直面できるほど強くなかっただけなのかもしれない。わたしの、見かけは高貴な原則、自分が他人にして欲しいことをブレニンにもしてやるという原則は、実はわたしのためらいを隠すための仮面でしかなかったのかもしれない。わたしの真の動機が何だったのか、誰が知っているだろう。そもそも、真の動機などというものがあるのかどうか、誰が知っているだろう。それに、率直に言って、誰がそんなことを気にするだろう。

ブレニンをこのように苦しませ、十中八九は苦しみながら死ぬように強いることで、わたしは自分の帰結主義的な魂を賭けた。過去十年の生活においてただ一人、いつもわたしのそばにいた大切な存在を、ひどい苦しみと恐れの中で死なせようとしていた。自分が愛した者どもから見捨てられたと感じつつ死ぬようにと。もしブレニンが死んだら、わたしの行為は許されないものになる。わたしがしたことについては罷免の余地はないだろうし、あってはならない。一方では、もし単にあきらめてしまったら、どうなるのだろう。ブレニンが回復できたはずなのに、わたしがあきらめてしまったら？わたしたちがこうも意図にしがみつくのは、行為の帰結がこうも情け容赦がないからだ。わたしたちが行為すれば、帰結によってそれがダメだったと判定される。しなければしないで、それもまたダメだと判定されることが多い。わたしたち帰結主義者を救ってくれることができるのは、しばしば運だけ、無言の運だけなのだ。

4

ブレニンの経過は良くなった。信じられないが本当だ。一ヶ月ほど後のある日（正確な時間経過はまったくはっきりしなかった）、数分のうたた寝から目を覚ますと、ブレニンの様子がどこか違っていた。それが何なのか、はっきりと言えないが、何かが変わっていた。今ではそれが何だったのかわかる。ブレニンがわたしの方を見ていたのだ。それまでの一ヶ月ほどは、ブレニンはわたしから目をそらしていたのだと、今ではわかる。わたしと目を合わせたら、あの苦痛に満ちた処置をすることをわたしが思い出すだろうと思ったからなのかもしれない。けれども、その時には理解できなかった。最初に頭に浮かんだのは、これで終りだということだった。それまでにも、イヌや人間の死に立ち会ったことがあったので、イヌも人間もしばしば、死ぬ直前の数時間に回復したように見えることを知っていた。ほんの二、三時間だけ元気になるように見えるのだが、これは死のうとしていることの徴候でしかない。けれどもブレニンは死にはしなかった。その後の数日間にだんだんに回復し、群集の中にヒソヒソ声で伝えらえていく噂話のように、ブレニンの体じゅうに生気が広がっていった。わたしの目の前で、ゆっくりとだが確実に伝えられ、最後には確かな話へと変わる噂話のように。ブレニンの食欲は増し、力も徐々に戻ってきた。一週間後には、一ヶ月以上ぶりに散歩に出かけることができた。ゆったりと自然保護区に入っていき、フラミンゴをながめる散歩だ。もちろん、傷を洗って抗生物質を注入する処置はその後の数週間も続いた。それでも、感染はおさまった。それに、ブレニンはもはやわたしの手当てに抵抗しなくなっていた。必要な処置が終わるまで、ただ忍耐強くじっと横たわっていた。

あの日々を振り返ると、あれが現実だったとは思えないような気持ちになる。一ヶ月以上の間、ブレニンの傷の手当てのために、わたしはほとんど眠ることができなかった。疲れ切って、うたた寝をしてしまうことがあったが、それもほんの数分だけだったはずだ。目が覚めた瞬間に、ブレニンが病気であることを忘れてしまったこともある。だが、すぐに腐った臭いを鼻に感じて、あの恐れと絶望感をともなった状況が意識をまたも支配した。こうした日が二、三日続いた後に、不眠がもたらす妄想が始まった。いくつかの妄想があったが、もっとも頻繁なそれは、自分が死んでいて、地獄におり、これが永遠に続くという妄想だった。

テルトゥリアヌス、すなわち初期キリスト教徒の中でもっとも悪意に満ちて堕落したキリスト教徒(これは何かを意味しているのだろう)は、好んで地獄を、救われなかったすべての者が悪魔によって拷問を受けるところだと想像した。悪魔はこうした人々の尻に、真っ赤に焼けた三つ又フォークを突き入れたりしたのだという。一方、救われた者は天国のボックス席にすわって、呪われた者たちの苦しみを喜んで笑いものにすると。テルトゥリアヌスに対して、そして彼が天国と地獄をこのように考えるほど深い恨みを抱いていたことに対しては、軽蔑以外の念を感じるのはむずかしい。テルトゥリアヌスにとって、天国は悪意に満ちたところで、これは彼の悪意に満ちた魂を映し出した鏡像以外の何ものでもない。けれども、地獄については、テルトゥリアヌスの想像はかなり手ぬるい。

地獄は、たとえ自分自身は拷問をかけられるなどの虐待を受けないとしても、自分がもっとも愛する者を拷問にかけたり、虐待するように強いられるならば、もっとはるかにひどいところとなる。そんなことをすることに吐き気を感じても、そしてこの嫌悪感が魂の奥まで侵入しても、こうすることを強いられる。世界で一番大切なもの、すなわち、自分が愛する人たちからの愛を失うとしても、それを強いられる。けれども、それでも人がそうするのは、それが虐待される人たち自身のためになるからという理由で（ここにこそ、地獄の天才的な面が見られる）。地獄はほかの選択の道も与えているが、人はどうしてもそうする。もう一つの選択の道はもっと悪いからだ。これはテルトゥリアヌスの地獄よりもはるかにたちが悪い。わたしがこの地獄にいるなら、一刻も待たずにテルトゥリアヌスの地獄と交換するだろう。ブレニンが死のうとしていたあの日々、わたしはこれが地獄というものなのだと思っていた。自分の愛するオオカミを、それが彼自身のためになるからという理由で、苦しめるよう強いられる場所だ。しかし、そうだとしたら、これは奇妙な地獄だ。テルトゥリアヌスが想像する天国が奇妙だというのと同じ意味で奇妙だ。テルトゥリアヌスの天国には憎んでいる人がたくさんいた。わたしの地獄には、他者を愛する人でいっぱいだろう。人を憎む人は天国には絶対に行けないとわたしは思いたいし、人を愛する人は絶対に地獄には行けないと思いたい。それでも、わたしの中にある、帰結主義がこれを信じさせてはくれない。

5

イヌの飼い主は四六時中、自分のイヌを愛していると言う。確かに、そうした人々は自分がイヌを愛していると思っているのだろう。けれども、臭気を放ち、化膿し、病にむしばまれた尻を二時間ごとに清潔にする作業を一ヶ月以上も続けたら、自分がイヌを本当に愛しているかどうか、わからなくなるだろう。わたしたちはふつう、愛をある種の暖かでもやもやした感情だと思っている。けれども、愛にはたくさんの顔があり、このような感情はそうした顔の一つでしかない。

ブレニンの状態がこうも悪かったとき、わたしが感じたのは、気分、感情、望みのメランジェ、つまりこれらがとりとめもなく混ざったもので、愛情と呼べるほど十分に安定していたり、明確な感情ではなかった。多くの時間、誰かに顔をなぐられたような気分がした。息苦しくて、ふるえが止まらず、ぼーっとして、吐き気がした。多くの時間、流砂の中を歩いているような気分、もっと正しくは流砂をかきわけて歩いているような気がした。空気の一部がわたしの周りでどろどろした濃厚なシチューのように固まったようで、そのために、自由に行動することも、考えることすらできなくなった。ほとんどの時間、わたしの心はただ麻痺していたのだ。一瞬、ブレニンが死のうとしていると確信したことがある。そして、これは認めたくはないのだが、実はほっとしたのだ。もし、次に洗浄と注入のためにブレニンのところに行ったときに、ブレニンが目を覚まさなかったら、たぶんこれが一番良いことなのだと思った。

感情、感情、感情。あらゆる感情は力があり、いくつかの感情はほとんど支配的ですらある。それでも、こうした感情のどれ一つとして、わたしがブレニンに対してもった愛と、納得のいく形で同一視することはできない。アリストテレスなら、この愛をフィリアと呼んだだろう。これは家族愛、群れの愛だ。この愛は、エロス、すなわち性愛への情熱的な欲情や、アガペー、すなわち神や人類全体への非個人的な愛とは区別される。ブレニンへのわたしの愛着は、誓って言うが、エロス的な愛ではなかった。また、聖書が隣人や神を愛せよと諭したような形で、ブレニンを愛したわけでもない。そうではなく、ブレニンを兄弟のように愛したのだ。そして、この愛、このフィリアはどんな類の感情でもなかった。

感情はフィリアの表現であり得るし、感情がフィリアに伴うことはある。それでも、感情はフィリアではない。なぜ、わたしは麻痺や吐き気を感じたのだろう。ブレニンが今にも死にそうだと思ったときに、どうして実際ほっとした気持ちになることができたのだろう。それは、ブレニンを愛していたからで、彼をこうも苦しませることはほとんど（ありがたいことに、まったくではなく）耐え難かったからだ。これらの感情がそれぞれ多様に異なり、分離しているとしても、どれもがこの愛の表現である。それでも、愛はこうした感情のどれかではない。さまざまな脈絡の中で、愛といっしょにあまりにも多くの感情が現れるので、フィリアをこれらの一つと同一視することはできない。それに、愛はこうした感情が一つもなくても、存在できる。

愛にはたくさんの顔がある。愛するなら、これらすべての顔を見渡せるほど、強くなければならない。フィリアの本質は、わたしたちが認めようとするよりもはるかに厳しく、はるかに残酷である。フィリアが存在するためには、どうしても必要なものが一つある。これは感情の問題ではなくて、意志の問題である。フィリア、つまり自分の群れへの愛は、自分の群れの仲間のために何かをしようとする意志だ。どんなにそれをしたくなくても、それに対して恐れや嫌悪を感じても、そして、それに対して最終的には高い代償、もしかしたら自分が耐えられるよりももっと高い代償を払わなければならないとしても、そうする意志である。それが群れの仲間にとって、一番良いことだから、そうすべきだからこそ、するのだ。そうしなくてもよい場合もあるだろう。それでも、そうする意志をもっていなければならない。愛はときには不快なものだ。愛は人を永遠に破滅させることもある。愛は人を地獄に送り出すかもしれない。それでも、その人の運が良ければ、運がとても良ければ、愛はその人をふたたび地獄から連れ戻してくれるだろう。

8 時間の矢

1

ブレニンにわたしが最後に言った言葉は、「夢で会おうね」だった。獣医がブレニンの右前脚の静脈に皮下注射の針を刺し（そのときの脚や静脈の様子も覚えている）、致死量の麻酔剤を注入したときに、こう言ったのだ。その言葉を言い終わったときには、もはやブレニンの意識はなくなっていた。いずれにしろ、ブレニンはもうそこにはいなかったのだと思いたい。アラバマにいて、母親に寄り添って鼻をその毛皮にすりつけていた、と思いたい。ニナとテスといっしょにノックダフにいて、もやのかかった黄金色の荘厳な景色の上を内気なアイルランドの太陽が昇る頃に、大麦の海の中を跳ねまわっていたと思いたい。ニナたちといっしょにウィンブルドン公園の林の中を、リスや生意気なウサギを追って、やかましい音をたてながら走っていたと思いたい。

前章で述べたような症状を見せた癌が、一年後にまた戻ってきた。今回は転移が進み、回復の見込みがないほど悪質だった。リンパ腫の一つで、人間では治療可能だったが、刻々変化する獣医学の当時の水準では、イヌではほとんど必ず死をもたらした。今回わたしは、延命のためのどのような手術もさせないと決心した。ブレニンが手術に耐えられるとは思えなかったし、手術後の合併症に耐えられないのは言わずもがなだった。ショックなことに、一年前にブレニンを伝統的な専門技術で救ってくれた獣医、ジャン＝ミシェルはこの一年の間に亡くなっていた。彼もまた癌の犠牲となったのだ。ジャン＝ミシェルの診療所を引き継いだ獣医からそれを聞かされたとき、ブレニンの最期もついに来たと思った。

そこで、ブレニンにできるだけ心地よく過ごさせてあげようと思い、生まれて初めて、わたしのベッドでいっしょに眠るのを許した。これにはニナとテスが猛烈にくやしがった。このような前例のない魅力的な扱いから除外されたことを、信じることができなかったのだ。やがて、痛み止めが効かなくなり、痛みが（わたしの、正直で苦渋に満ちてはいるものの、非常に誤りやすい判断から見ても）あまりに大きくなったとき、安楽死をしてもらいにベジエに連れていった。そしてベジエで、ジープの後部座席でブレニンは死んだ。そのジープは、何年も前にアメリカ合衆国南東部を、ラグビー、パーティー、女の子を求めて、わたしたちが走りまわったのと同種のジープだった。

ブレニンを庭に埋葬することはできなかった。家の所有者がそれに異議を唱えるのは、ほとんど確実だった。そこで、わたしたちが毎日の散歩のときにいつも立ち寄った場所、ブナの木や低木のナラに囲まれた小さな空き地《クリアリング》にブレニンを埋めた。地面は砂を多く含んでいて、それなりの大きさの穴を掘るのに時間はかからなかった。ブレニンを埋め、ディーグから、すなわち冬の嵐で村が洪水にあうのを防ぐための堤防から、石を運んできては、埋葬地の上に積み上げて、ケルンをつくった。石運びは、時間がかかって骨の折れる作業だった。堤防が二百メートルぐらい離れていたからで、作業を終えたときには、夜になっていた。それから流木でたき火を起こし、夜通しわたしの兄弟のそばに座っていることにした。

ここから先の話は、語るのがためらわれる部分だ。またしても、自分がまったく気が変になったように思えるからで、実際そうだったに違いない。いっしょにいたのはニナとテス、そして二リットルのジャックダニエルだ。こういう夜がもうすぐ訪れることを意識して、ストックしておいたものだ。ここ数週間はアルコールをまったく飲んでいなかった。ブレニンにとって最良の判断を下すために、頭を明瞭にしておく必要があったからだ。アルコールのせいで気がふさいで、最期の時よりも一瞬前にブレニンを送り出してしまうなどということがあってはならなかった。逆にアルコールのせいで気分が高揚して、ブレニンに、もはや生きる価値のない生命にしがみつくよう強いることも許されなかった。それまでの数年間で、一、二日以上続けてアルコールを飲まなかったのはこの時が初めてだったので、この夜は断酒習慣をきっぱりと破ろうと計画したのだ。ブレニンの埋葬後、ニナとテスは火のそばに静かに横たわり、バーボンが入ったわたしが、消えつつある光を前に、怒りの言葉を投げつけるのに耳をそばだてた。わたしは、初めは死後の命の可能性について考え、静かに物思いに沈んでいたのに、二本目のウイスキーを飲みすすんで酔いがかなりまわると、神に対して怒りの罵詈雑言をわめきたてたのだ。「さあ、来い、×××野郎！　見せてくれよ。俺たちが死後も生き続けるっていうなら、今すぐ見せてくれよ、ええっ、×××野郎！」といった具合に。

次に起こったことは、あまりにこじつけのように聞こえるが、神に誓って、本当にあったことだ。まさしく先の言葉を吐いた瞬間に、火の向こうを見やると、そこにはブレニンが見えた。石でできたブレニンの亡霊が見えたのだ。

これがどれほど説明がつかないことであるかという点だけは、強調しておきたい。ケルンの石を積んだときには、堤防《ディーグ》を登り降りして、はずれやすい石ならどれでも拾った。それから空き地まで二百メートルほど運んだ。空き地に着くと、石をブレニンの墓の上にただ落とした。この作業を何回も、何回もくり返し、五時間ぐらい続けた。墓の上に石を落とす動作は、まったく無作為に行われた。今でもこの点では確信がある。石を置いたのではなくて、単に落としたのだ。ケルンをどういう形に完成させようという、全体的なビジョンに動かされて石を積んだわけではない。その逆で、早く仕事を終わらせて、しこたま酔っ払いたかった。

けれども今、石でできたブレニンの亡霊が炎ごしにわたしを見つめていた。ケルンの正面はブレニンの頭だった。ダイアモンド形の石板でできた鼻づらが、ブレニンがよくしていたように、地面にぺたっと着いていた。苔のしみがついた鋭い角は、どう見ても鼻先だ。ケルンの残りの部分は、雪の中で体を丸めたオオカミの姿だった。ブレニンが北極の祖先から受け継いだ習性で、この癖をやめるのは、アラバマやラングドックの夏の暑さの中でもむずかしかったものだ。ブレニンは今、怒りと困窮の頂点にいるわたしをじっと見返していた。

フロイト派やユング派のような深層心理学者なら、わたしが無意識の内に、眠っているブレニンのイメージをつくりだしたのだ、と言うかもしれない。墓に石を落とす行為が、ブレニンをイメージした石碑をつくりたいという無意識の欲求に導かれたのだと。それは正しいのかもしれないが、この説明はあまりにあり得ない。偶然がとても大きな役割を果たしたことの説明がつかない。運んできた石を、ケルンの石を積むときに、ケルンの上に置いたわけではないのだから。ただ石を落として、すぐにまた次の石を探しに行ったのだ。いくつかの石は落とされた場所にそのままとどまったが、たいていの石は落ちたあとに一番低い所まで転がってから止まった。だから、石が転がるかどうか、そしてどこに転がるかは、偶然で決まった。つまり深層心理的な説明では不十分なのだ。潜在意識がわたしの行為を操作するというのは、潜在意識が偶然自体を操作することとは、まったく別である。

ブレニンの石の亡霊は、アルコールが引き起こした幻想か作話症なのだ、と説明するのはたやすい。これが夢だったと思うのはもっと簡単かもしれない。実際、わたしたちは夢で再会するだろう。けれども、ブレニンの石の亡霊は決して消えなかった。わたしは火のかたわらの地面の上で眠ってしまった。火が消えた後に凍死していたかもしれないが、幸いにも、吐き気に襲われて目を覚ました。目を覚ましたときにも、ブレニンの石の亡霊はまだそこにいた。そして、今でもそこにいる。

2

ブレニンの生涯の最後の一年は、ブレニンとわたしの両方にとって贈り物だった。あの年のことは、終わりのない夏の季節として想い出に残っている。わたしは執拗に時間を追うタイプの人間ではない。最後の時計は、一九九二年にサウスカロライナのチャールストンでポーカーをしているときに、失くしてしまい、それ以来、今にいたるまで時計はもっていない。もちろん、時計がないからといって、時間の拘束からまぬがれているわけではない。他人に、「いま何時ですか」と聞くことで、人生の半分を費やしているような気がする。それでも、フランス暮らしで一番すばらしかったのは、これまで経験したかぎり、あるいは想像できるかぎり、時間のない生活にもっとも近づけたことだ。フランスでは時計に合わせてではなくて、太陽に合わせて生活した。といっても、実際には時計に合わせて生活していたのだが、その時計はわたしのではなくて、ニナの時計だった。

わたしは日の出と同時に起きた。夏だとこれは六時ごろだ。日の出だとわかったのは、日の出を合図にニナが起き出して、ベッドの上掛けの外に出ているものなら、わたしの手でも足でもなめ始めたからだ。足も手も露出していないと、上掛けを鼻でめくって、足か手が出るようにした。そこで、わたしは起きて、ラップトップを手に松材の急な階段をいささか慎重に降りていくのだった（早朝は動作がのろかったし、そろそろと降りたのは、ラグビー時代にひざを傷めた結果だ）。ブレニンは庭の北の隅で横たわり、雪の中でするように体を丸め、鼻づらを地面に伸ばした。群れのタイムキーパーであるニナは門の近くに横たわると、光った目をわたしから離そうとはせず、数時間前からいつもの散歩の時間がくるのを待った。群れのお姫様であるテスは、わたしが書き物に没頭しているのを見ると、音もたてずに屋内に戻り、気づかれずにわたしのベッドに入り込めるかを試した。そして、これはふつう成功した。

暑くなる前の十時ごろになると、ニナが立ち上がり、わたしのところにやって来て、頭をひざにのせた。これが望むような反応を引き起こさないと、つまりわたしが書き物をやめないと、次には鼻づらでわたしの腕を何回も鋭くつついて、書けないようにした。このメッセージは明解で、海岸に出かける時間だよ、という意味だった。これは散歩というよりも、軍事作戦のようだった。まず、ビーチパラソルとかビーチボールやフリスビーのようなビーチ用の道具を集める。これで、群れの他のメンバーも、もうすぐ行進に出かけることを知る。その結果、遠吠え、キャンキャン、ワンワンのコーラスが始まり、村の誰もが、わたしたちが出かけようとしていることを知る。フリスビーは、泳ぎが大好きで上手なニナ用だった。パラソルはブレニンとテスのためだ。この二頭は水をピチャピチャさせる程度で、たまに息が詰まるほど暑くて、海がおだやかで水が澄んでいるなら、泳ぐよう説得することもできた。その場合でも、泳ぎを本当に楽しんだわけではない。緊張でパニック寸前なのがありありと見てとれる顔をして、わたしのところまで泳いでくると、すぐにまたターンして海岸へと戻った。ほとんどの時間を海岸で過ごす方が好きだった。ますます暑くなる太陽の下で、ブレニンとテスがハーハーとあえぐのを見ていられなくなったわたしは、パラソルを二つ買った。一頭につき一つずつ。いまふり返ってみると、人生のその頃までにわたしはいささか「変わり者」になっていたことに気づく。たくさんのネコと暮らす老婦人のような変わり者だ。だが、長所もあった。南フランスの海岸は夏のシーズンは泥棒でいっぱいだが、泥棒たちはわたしたちの陣地には近寄らなかった。そして、ほかのイヌもまたそうだった。

海岸まで歩いていく途中には、一定の順序と作法があった。近所のイヌたちにあいさつをして、必要とあれば適切な形でおじけさせた。まず、イングリッシュ・セッターのヴァニラに対しては、ニナがテスの応援を受けておどしたが、ブレニンはいささかよそよそしくはあっても、友好的にあいさつをした。次はルージュという名の大きな雄のローデシアン・リッジバックの番で、このイヌがいる庭のフェンスにブレニンは尿をかけたが、ニナとテスは大げさとも言えるほど熱狂的なあいさつをした。最後が、前にも触れた雌のドゴ・アルヘンティーノで、名前は最後まで不明だった。この雌イヌはテスを攻撃するという誤りを犯したことがある。そのため、テスはこの雌イヌを特別扱いした。朝の最初のお通じをここの家に着くまでとっておいて、できるかぎり庭のフェンス近くに排泄したのだ。今から思えば、ドゴがいつもわたしに噛みつこうとしたのは、これが原因だったのかもしれない。

そもそもテスは、排泄物を戦略的に使う名人だった。ウィンブルドンに住んでいたころ、公園のゴルフコース区域を散歩していて、近くに着地したゴルフボールの頂点に、信じられないほど正確に排糞してのけたことがある。ボールの持ち主であるロンドン・スコティッシュ・ゴルフクラブの会員は、怒るというよりも信じられないという顔をした。わたしは彼に、「わたしが君だったら、一打罰でドロップして打つけどな」と助言したが、これはほとんどなぐさめにはならなかった。

最後の家を通り過ぎると、ブドウ畑、というよりもかつてブドウ畑だったところに入って行った。この畑は、土が塩分を含む上に嵐にしばしば襲われるので、もう長いこと捨てられていた。ブドウ畑を抜けると、メール川へ向かった。堤防から海岸の北端へと流れる川だ。一年の最良の時期には、川はヨーロッパ・フラミンゴで埋めつくされた。フランス語ではフラマン・ロゼと、英語よりははるかに美しい名前で呼ばれる。たまたま一羽が岸にさまよい出ると、ニナとテスが熱心に追いかけ、フラミンゴは自らに定められた領域へと飛び戻った。ありがたいことに、ニナにもテスにもフラミンゴを捕らえるチャンスはまったくなかった。ニナたちが無駄に追いかけている間、ブレニンはわたしを見て、「今時の若者ときたら。おれがもう数年若かったら……」とでも言うかのような顔をした。

海岸に着くと、ニナは海へと直行し、水の中ではねまわり、声高に吠えて、フリスビーを要求した。夏の間、海岸にイヌを連れてくることは厳しく禁止されていた。オオカミについては特別に触れられてはいなかったが。けれども、もちろん、フランス人は自国の法律を要求というよりも提案と見なすことでよく知られている。この法律が執行されることはまれで、たいてい海岸はイヌでいっぱいだった。たまに警官《ジャンダルム》が出てきて、これみよがしに罰金を徴収した。わたしたちは警官の姿を見かけると、すぐに海岸沿いを下って、その場を離れた。警官たちが遠くまで歩かないことは知っていたから、安心だった。それでも二、三回は捕まった。わずらわしかったのは罰金の額ではなく、罰金を徴収する前に警官たちが長々とたれる説教を聞かされたことだ。「幸運」、「こっそりと逃げる」、「知恵おくれのふりをする」、の三つのおかげで、ひと夏に払った罰金の合計額は百ユーロぐらいですんだ。

海岸で過ごしてから、昼休みのためにすべての店が閉まる寸前に（ここでも、出発の時間になったことを知らせてくれるのはニナだった）、わたしたちは村のブーランジェリー（パン屋）に歩いて行った。ここで二つのパン・オ・ショコラを買って、三頭に分けてやるのだ。この分配はいつも、はっきりと決まった儀式にしたがって行われた。ブーランジェリーを出て、店の前、数メートル離れた石のベンチに行く。わたしはベンチにすわり、紙袋を開けて、パンを引きちぎっては、一頭ずつ順番にあたえる。動物たちの多量の唾液がわたしの方に飛んでくるのを避けようとしながら。水泳はお腹の空く作業なのだ。パンを食べ終わると、イヴェットのバーに行って、ロゼを他人には薦められないほど何杯も飲んだ。ロゼは、ラングドックでは昼間のドリンクとして好まれていた。その間に、イヌ好きのイヴェットは三頭に水をくれ、ブレニンを仰々しく扱った。それからわたしたちは村の裏手をまわり、わが家に隣接する林を抜けて歩いて家に戻った。

家に到着すると、それぞれが日陰を見つけて、日中の暑さをしのいだ。わたしは書き物を続けた。この時間は、テスには屋内は暑すぎるので、テラスのテーブルの下、わたしの足元に横たわった。ニナはテラスの、わたしたちから離れたところにある壁際を好んだ。ここは日中のほとんどの時間、テラスの屋根の陰になっていた。庭の北側の部分にはこの時間は日が当たるので、ブレニンは二階のサンテラスに行って、日の当たらない隅を探した。ここからブレニンは周囲の景色を見渡すことができたし、もっと重要なことに、家に近づいてくるあらゆる関心事を、目ざとく見つけることができた。影が長くなる七時ごろ、わたしたちはふたたび動き出した。まず、わたしは四本足たちのために夕食をつくって与えた。それから二本足のために、二、三杯のアペリティフを出した。これが終わると散歩に出かけ、散歩はふつう、わたしたちのお気に入りレストラン、ラ・レユニオンでピークに達した。

このレストランを「わたしの」ではなくて「わたしたちの」お気に入りレストランと言うのには理由がある。わたしはここで夕食をとり、ブレニンと雌イヌたちは二回目の夕食をとったからだ。オーナーのライオネルとマルティーネはいつもわたしたちのために、隅にある大きな丸いテーブルをキープしておいてくれた。ここなら、イヌたちが体を伸ばせるだけの十分なスペースがあった。わたしは四品からなるコース料理をゆっくりと楽しみ、動物たちはコースごとに、少なからぬ租税を取り立てた。フランスに住んだことがある人なら誰もが知っているように、この国では、そしてとくに田舎では、ヴェジタリアンとして生活するのは無理である。初めてここで食事をしたときに、ライオネルにわたしの食生活には制限があることを説明すると、彼は訳がわからないといった顔でわたしを見つめ、チキンにしたら、と言った。結局、この時期はブレニンと雌イヌたちに倣って、魚食主義者となった。ふつう、食事はまずサン・ジャックサラダで始めた。これはたいへん豪華で、最高十個の帆立貝が入っていた。その内の三個はイヌたちの分け前になった。次に、二番目のコースからは、三切れのスモークサーモンが徴収された。三番目のコースとしてしばしば注文した舌平目のムニエルからは、皮、尾、頭が同様にして取り去られた。最後のコースを食べるときには、別にイヌたち用に一枚のクレープがもらえたので、三等分してあたえた。イヌの晩餐への、ライオネルからの親切な寄付というわけだ。もちろん、こうした間もわたしはワインとマール・ド・ミュスカ(マスカットからつくられたブランデー)を飲みつづけた。それから、わたしたちは堤防の縁沿いに歩いて、ゆったりと家路についた。わたしはほろ酔い気分、イヌ科の友だちは心地よく満腹していた。わたしたちはいつも、ぐっすり眠った。

ブレニンが生涯で最後の年の夏に過ごした日課は、このようなものだった。そして、ラングドックでのこの夏は長く、すばらしかった。もちろん、冬には一定の順応を迫られた。悲しいことに、ラ・レユニオンは十一月半ばから三月半ばまでは閉店になった。ライオネルとマルティーヌはこの期間はスキーリゾート地で働いたのだ。水泳もまれになった。ニナはそうでないとしても、わたしはそうだった。ニナはわたしに八時頃まで眠らせてくれた。早朝の書き物もたいていは屋内でした。真昼にイヴェットのバーで過ごす時間はいくらか長めになった。晩に行くところがなくなったからだ。それでも、基本的な日課は本質的には同じだった。

夏でも冬でも、これらすべてを通じてタイムキーパーを務めたのはニナだ。フランス滞在のごく最初の頃に起こったある出来事が、ニナをこうした行為に駆り立てていた。この出来事はあまりに暗く悲劇的だったので、数年たった今でも、ニナはこれに苦しめられているのではないかと思う。これはわたしのせいで起こったことで、責任はすべてわたしにある。その日、ラップトップに向かっていた時間がいささか長すぎたのか、それとも地中海の心地よく冷たい水につかっていた時間がちょっと長すぎたのかはわからない。理由は何であれ、その日わたしたちが村に着いたとき、パン屋はすでに昼休みで閉まっていた。しかも、ラングドックの人々はゆっくりとすばらしい昼食をとる。

もちろん、客観的に見れば（そして、この観点に立つのはわたしには楽ではある）、これはそれほどの大事件ではなかった。イヴのバーに一時間かそこら、長くいればすむことで（わたしにはうってつけだった）、午後四時になればパン屋はまた開いた。けれども、食べ物に関する事柄を客観的に見るのは、ニナの得意とするところではなかった。ご褒美の遅れにも、こらえられなかった。その日、イヴェットのバーでニナは、苦痛に満ちた混乱と、全身の力が抜けるような生存の不安の中で、数時間を過ごした（言うまでもなく、イヴェットのバーでは食事が出されなかった）。その間じゅう、目をギラギラさせて、落ち着かない様子で行ったり来たりした。ニナにとって、これは起こってはならないことだった。この数時間はニナの魂にとっては長くて、暗い昼休みだった。

午後四時になると、もちろん、世の中はすべてまたしても意味をもち、一日は正常に経過できた。それでも、この日以後、ニナは二つの恐れに駆られるようになった。自分が到着する前にパン屋が閉まってしまうのではないかという恐れと、ラ・レユニオンに行かないのではないかという恐れだ。晩にこのレストランに行くときに、別の道を通ることなどとんでもなかった。レストランの数百メートル以内まで来ると、ニナはわたしたちが付いて来るかどうかにお構いなしに、さっさと先を走った。

この一年の生活がどれほど変化に乏しかったか、ということを本当に理解したのは、後になってから、ブレニンが死に、わたしたちがフランスを引き払ってからだ。といっても、フランスでの生活は、アイルランドとロンドンで楽しんだ生活を単に継続したにすぎない。わたしが知っている人々のほとんどは、このような生活、同じことが毎日決まってくり返される生活を、単調だとか、それどころか極端にたいくつだとすら言うだろう。けれども、わたしはこれらの日々から、おそらく誰からよりも、何からよりも沢山のことを学んだ。学んだことへの鍵は、見かけは単純な疑問の中に見出される。ブレニンは死ぬことで何を失ったか、という疑問だ。

3

ブレニンが死んだとき、わたし（月に向かって吠え、神に向かって怒った狂人）が多くのものを失ったのはかなりはっきりしている。そして人々は、これはわたしが当時おくっていた寂しくて孤独な生活のせいだ、と説明するだろう（実際、彼らはわたしにそう言った）。そうなのかもしれない。けれども、わたしは自分が失ったものには興味はない。興味があるのは、ブレニンが失ったものだ。

どのような意味で、死は悪いことなのだろうか。他の人々にとってではなくて、死ぬ人自身にとって。どのような意味で、あなたの死はあなたにとって悪いことなのだろう。死は、これが何であるにしろ、生の中で起こることではない。ヴィトゲンシュタインはかつて、彼の生命は、彼の視界に限界がないのと同じ意味で、限界はないと言った。ヴィトゲンシュタインは、わたしたちが永遠に生きるという意味で、こう言ったわけではないようだ（彼自身は一九五一年に、やはり癌で死んだ）。彼は、死は生命の限界だ、と指摘していた。そして、視界の限界が視界の中で起こるものでないのと同じように、生命の限界は生命の中で起こり得るものではない。視界の限界は、わたしたちに見えるものではない。視界の限界はわたしたちには見えないからこそ、限界だとわかる。限界とはそういうものだ。何かの限界は、その何かの一部ではない。もし一部であるのなら、それは限界ではないということになる。

この点を受け入れると、すぐにある問題に直面する。もしそうなら、死は、死ぬ人自身にとっては有害ではないように思われる、という問題だ。この問題の古典的なヴァージョンは、ヴィトゲンシュタインより二千年前に古代ギリシャの哲学者、エピクロスが出している。エピクロスによれば、死はわたしたちに害を及ぼすことはできない。わたしたちが生きている間は、死は起こらないから、まだ害を及ぼしてはいない。そして、わたしたちが死ねば（死は生命の限界であって、生きている内に起こることではないから）、もはやわたしたちは存在せず、害を受けることもない。したがって死は、少なくとも死ぬ人自身にとっては、悪くはないということになる。

エピクロスの論拠のどこがまちがっているのだろうか。そもそも、何か悪い点があるのだろうか。少なくとも人間たちの間では、この論議では何かがまちがっているということで、ほぼ意見が一致している。さらに、なぜこれがまちがっているのか、という点についてもかなり一致しているようだ。すなわち、死がわたしたちに害を及ぼすのは、死がわたしたちから奪ってしまうもののためである、という点だ。死は哲学者たちが剝奪の害と呼ぶものだ。けれども、これは問題のたやすい部分である。むずかしいのは、死が何をわたしたちから剝奪するのか、わたしたちがもはや存在してはおらず、取られるものなどないときに、どのようにして何かを取り去ることができるのかという点の理解だ。

これらの疑問に対して、死が有害なのは、死がわたしたちから生命を奪うからだと答えるのでは、考えは進展しないだろう。なぜなら、ヴィトゲンシュタインの言うことが正しくて、死がわたしたちの生命の限界であって、生きている間には起こらないのなら、生命はまさしく、わたしたちが死んだらもはや所有していないものだからだ。わたしたちが本当に何かをもっている場合にのみ、それを取り去ることもできる。だから、もはやもっていない何かを、死が取り去ることはできない。

これよりも説得力がありそうな答えは、可能性の剝奪だと思う。死がわたしたちに害を及ぼすのは、わたしたちがもつあらゆる可能性を死が奪ってしまうからだ。けれども、最終的には、この考えもうまく進むとは思えない。ここでの問題の一つは、可能性はあまりに任意で無差別だという点にある。あまりに多くの可能性があり、わたし特有の可能性とかあなた特有の可能性といったものはない。わたしがもつ可能性の中には、わたしがまったく関心や利害をもたないものも混じっている。わたしが鋳掛屋、仕立て屋、兵士、船乗りになる可能性もあれば、物乞いや泥棒になる可能性だってある。けれども、わたしはこれらの可能性のどれ一つとして、追求したり実現したいとは思わない。わたしが明日にも死んでしまう可能性もあれば、五十年後に死ぬ可能性もある。ところが、わたしは前者よりも後者の可能性を実現させる方にはるかに関心がある。可能性はいくらでも選べる。誰もが無限の（あるいは、少なくともおびただしい、不定の数の）可能性をもつ。そして、わたしたちが実現させたいと思うのは、その中のほんの一部だけだ。そもそも、わたしたちは自分がもつ可能性の大部分については、意識していない。

それだけではない。わたしたちがもつ可能性の多くは、わたしたちが実現してほしくないと熱望するようなそれだ。たいていの人は、物乞いや泥棒になる可能性を追求したいとは思っていないだろう。わたしたちの誰かが殺人者、拷問者、児童性愛嗜好者、狂人になることは可能である。ある何かが起こるという仮定がなんら矛盾を含まないのなら、その何かは可能だ。それが可能性という概念の定義だ。だから、これらの可能性の一部がどれほど実現しそうもないと思われていても、それでもこれらは可能ではある。可能性の中には、わたしたちが実現してほしいと願う可能性もあれば、決して実現してほしくないと祈る可能性もある。わたしたちの可能性の中には、歓迎すべき可能性と、あらゆる手段をもって拒否しようとする可能性とがある。だから、死が、わたしたちが関心をもたない可能性を剝奪することで、わたしたちに害を及ぼせるとは思えない。それに、死は、わたしたちが存在をかけてでも拒絶するような可能性を奪うことで、害を及ぼすこともできない、と確信する。可能性の中には、それが実現するぐらいなら、死ぬ方を選びたいようなものもある。死は、こうした可能性をわたしたちから奪うことで、害を及ぼすことはできないのだ。

それでも、可能性という考え方は、もっと成功の見込みがある方向を示唆している。死による害で重要なのは、一部の可能性だけである。わたしたちが実現を願う可能性だ。こうした可能性の一つひとつに、それに対応する欲望がある。可能性が実現してほしいと願う欲望だ。もし、このような欲望が真剣なもので、しかもそれをすぐには実現できないのなら、わたしたちはこの欲望を満たすために、目標を設定する。そして、この目標の達成がむずかしい場合には、この目標達成への計画のために、さらに多くのエネルギーと時間を使う。わたしたち人間はどうしても、このような欲望、目標、計画という考え方を通して、死ぬ人にとって死がなぜ悪いことなのかを理解しようとするのだと思う。

こうなると、エピクロスの問題提起に対しては、ちっとも前進しなかったように見えるかもしれない。死が生命の限界であって、生きている間に起こることではないのなら、それが起こるまではわたしたちはまだ何も剝奪されてはいない。欲望も目標も計画も剝奪されていない。それでも、欲望、目標、計画は、エピクロスの問題提起にとって決定的な何かを共通してもっている。これらはみな未来に方向づけられている、と呼べそうなものなのだ。これらは本来の性格からして、わたしたちを現在を越えた未来に向けている。わたしたちが欲望、目標、計画をもっているからこそ、わたしたちには未来がある。未来は、わたしたちの誰もが現在の時点でもっているものだ。死は、未来をわたしたちから剝奪することで、わたしたちに害を及ぼすのである。

4

未来を失うというのは、考えてみれば、とても奇妙な考え方だ。この奇妙さは、未来という概念の奇妙さからくる。未来はまだ存在していない。それをどう失うというのだろう。そもそも、何らかの意味で未来をもっていてこそ、未来を失うことができる。けれども、まだ存在していないものを、どのように失うことができようか。このことは少なくとも、未来に関しては所有と損失の考え方が、もっとふつうの脈絡で起こる場合とはまったく異なった意味をもつ、ということを示している。未来をもつことは可能かもしれないが、幅広い肩とかロ一レックスの時計をもつ、という意味で可能なのではない。それに、殺人者が人からその未来を奪うとすれば、そこに含まれる剝奪の意味は、加齢が膂力を奪ったり、強盗に時計を奪われる場合とは、まったく異なる。

死が未来を奪うから、死はわたしたちの誰にとっても悪いと言うなら、未来はわたしたちが現在もっているものでなければならない。わたしたちに未来があるのは、わたしたちを未来へと方向づけたり、未来へと結びつける状態に、わたしたちが（本当に今）あるからだ。このような状態が欲望、目標、計画である。わたしたちの誰もが、マルティン・ハイデガーが指摘したように、未来に向かっている存在だ。誰もが本質的には、まだ存在していない未来に向けられている。それで、この意味では少なくとも、わたしたちは未来をもっていると言える。

それでは、欲望から始めよう。欲望のもっとも基本的な特徴は、それが満たされるか、くじかれるかのどちらかだという点だ。ブレニンの水飲みへの欲望は、部屋を横切ってボウルまで行き、そこで水を飲めば、満たされる。もし、そこまで行っても、ボウルが空だったなら、欲望はくじかれる。けれども、欲望の充足には時間がかかる。欲望が挫折するのにも、ふつうは時間がかかる。ブレニンが部屋を横切って、ボウルまで行くには時間がかかる。だから、ブレニンの欲望が満たされたり、くじかれるためにも時間がかかる。これが、欲望が未来に向けられているというときの、もっとも基本的な感覚だ。欲望を満たすには時間がかかるのだ。同じことは、目標と計画ではもっと明らかに当てはまる。両方とも本質的には長期的な欲望だ。欲望は満たされるかくじかれるかのどちらかで、目標と計画は達成されるか、達成されないかのどちらかだ。そして、欲望を満たしたり、目標を達成するには時間がかかる。

ところが、わたしたちには未来がある、と言う場合には、もっと複雑な意味もある。欲望や目標、計画は二つの異なった形で未来を目ざすことができる。ブレニンの水飲みへの欲望のように、満足には時間がかかるという意味で、欲望はわたしたちを未来に向けることができる。もし、ブレニンが欲望を満たしたいなら、現時点を越えて存続しなければならない。少なくとも、部屋を横切ってボウルまで行くのにかかる時間だけは、生存しなければならない。けれども、欲望の中には、これよりも未来とのつながりがもっと強くて、もっと緊密なものがある。何かを飲みに部屋を横切るのと、自分が望む将来のヴィジョンをめぐって人生を計画するのとは、別物である。

他の動物と比べるとわたしたち人間は、少なくともあるレベルでは、本当はしたくないようなことをして過ごす時間が圧倒的に多い。自分が未来をどう生きたいのかというヴィジョンのゆえに、そうするのだ。これこそが、わたしたちの長期間の教育とそれに続く仕事のキャリアの目的である。仕事のキャリアがいかに割の悪いものであり得るかは、誰もが知っている。そして、プロの教育者であるわたしですら、長期間の教育がいつも笑いに満ちた楽しみであるかのようなふりをするわけにはいかない。それでも、わたしたちがどうしてもそうするのは、一定の欲望をもっているからだ。今すぐとか近未来には満たされないが、才能が十分あって、運が良くて、十分に勤勉に取り組めば、未来のいつかに満たされるかもしれない欲望だ。わたしたちの現在の活動は、教育や職業の点でも、それどころかしばしば副業の点でも、それらがわたしたちに保障してくれるかもしれない未来のヴィジョンに合わせて考案され、実行され、このヴィジョンに方向づけられている。このような類の欲望をもつためには、未来についての概念をもつ必要がある。未来を未来として考えることができなければならないのだ。

このように、わたしたちは二つの意味で、未来をもつことができるようだ。一つは暗黙の意味でのそれだ。自分は欲望をもっているが、それを満たすには時間がかかるという意味で、わたしたちには未来がある。もう一つは、明示された意味でのそれだ。未来がこうあってほしいというヴィジョンに合わせて、自分の人生を方向づけたり、計画したりするのだ。けれども、わたしたちの内なるサルは、ある違いを見ると、そこに潜在的な利益も見る。サルは、区別できる要素の内のどれが自分にとって一番有効であるか、あるいは一番自然に適用できるかを見分ける。それから、こちらの要素の方がもう一つのよりもすぐれていると宣言するのだ。わたしがこのことを知っていると信じてほしい。わたしはこのサルなのだから。

人間では、この二番目の意味で未来をもつという点が、はっきりしているようだ。人間以外の動物も、自分が望むような未来のあり方に合わせて行動するために、多くの時を過ごすのかどうか、そもそもそんなことをするのかどうかは明らかではない。将来に報いを得ようとする性格は人間だけにある、とまでは言えないにしろ、他の動物よりも人間において、より顕著であるのは確かだ。そして、わたしたちの内なるサルは、このような事実の主張から自ずと、これにもとづいた道徳的な評価へと移行する。つまり、未来をもつということの、二番目の意味の方が一番目のそれよりもすぐれている、とどうしても考えてしまうのだ。わたしたちは賢い動物であるから、この道徳的な評価をもちろん証拠をあげて支持することができる。二番目の意味、つまり望むような未来のヴィジョンに合わせて自分や自分の人生を計画するという意味で、人は未来とより密接に結びついている。自分の未来を、人間以外のどのような動物よりも、強くて、しっかりしていて、重要な意味でもっているのだ。二人の運動選手を想像してみよう。一人は熱心で、一生懸命に練習する選手、もう一人は才能のある怠け者。二人ともオリンピックで栄光を手に入れることはできず、メダルを得られるギリギリのところで終わったとしよう。そうなると、厳しい規律と模範的な不屈の努力で貫かれた生活をしてきた最初の選手の方が、ベストを尽くすことなどなかった二番目の選手よりも、失ったものが大きいように見える。最初の選手が失ったものの方が大きいのは、自分がすることにそそいだ時間、努力、エネルギー、情熱といった投資が、後者よりも大きかったからだ。人が死ぬときに失うものは、それまでの人生でしてきた投資の機能である。そして、人間は未来について考え、自分が望むような未来に合わせて現在の行動を律し、計画し、方向づけることができるので、人生に他の動物よりも大きな投資をする。だからこそ、死ぬときに失うものは、人間の方が他の動物よりも大きい。死は人間にとっては、他のどのような動物にとってよりも悪いのだ。逆にいえば、人間の生命は他のどのような動物よりも重要である。これは単に、人間が動物よりも勝っていることのもう一つの面でしかない。死ぬときに、わたしたちは動物よりもより多くを失う、という側面だ。

5

このような説《ストーリー》を以前は信じていた。実際、最後の二段落は、サルであるわたしごときが拙著『わたしたちに似た動物』で発展させたものであるし、これよりもやや表面的であるが、『哲学の冒険』

でも述べた。今になってみると、自らの洞察力のなさとサル的な偏見にぞっとする。投資などとは、なんとサル的であることか。今だからわかるが、致命的な欠点は記述自体にあるのではない。人間は、死を剝奪の害だと思わずにはいられないのだと思う。死が悪いのは、死がわたしたちから何かを奪うからだと思わずにはいられないのだ。こう考えることが必ずしも正しいとは思わないが、わたしたちは他の形では考えることができない。もちろん、死が終りではなく、単に新しい形の存在や死後の生命への移行でしかないと信じる人はいる。そうかもしれない。正しいのかもしれない。けれども、わたしはこうした問題に関心があるわけではない。関心があるのは、命の終りが悪いことなのか、命が終わる人自身にとって悪いことなのか、という点だ。それに、命の終わりがどのようにして、いつ起こるのかも、ここでは重要ではない。人が死後の命を信じるのなら、その人はたぶん魂とか神を信じるだろう。神は全能であるから、魂を破壊することもできる。もし神がある人の魂を破壊したら、これでその人は終わりだろう。そうならば、これは悪いことなのだろうか。その人にとって悪いことなのだろうか。このような疑問にわたしは関心がある。わたしたちと、わたしたちの決定的な終わり（この終わりがどのような形をとろうとも）との関係に関心があるのだ。

前の節で述べた話が真実だと仮定してみよう。人間は死ぬときに、あるいはなんらかの形で終わりを迎えるときに、他の動物よりも多くを失う、という話が真実だと。死が人間に起こった場合には、オオカミに起こった場合よりもより大きな悲劇なのだと。誤っているのは、ここから、人間の生命はよりすぐれているという結論を導き出すことである。わたしたちが死ねば他の動物よりも多くを失うからといって、それがわたしたちの優秀さの指標にはならない。その逆で、これはわたしたちの破滅を解く手がかりである。なぜなら、死についてのこの記述には、一定の時間概念が隠されているからだ。そして、この時間概念には生きることの意味についての、あるヴィジョンが隠されている。

先に示した死についての記述の根底をなす時間の概念、すなわち時間の矢《タイムズ・アロー》〔時間の非対称性、不可逆性を示すアーサー・エディントンの言葉〕という概念は、よく知られている。未来は単に可能性としてだけではなくて、わたしたちが具体的に現時点でもっているものだ（それが何を意味しようと）。そして、わたしたちに未来があるのは、わたしたちが今現在、未来へと向けられた状態、すなわち欲望、目標、計画を実際にもっているからだ。未来へとビュンビュン飛ぶ矢を想像してみよう。これらの矢のいくつかは、暗黙的にのみ、わたしたちを未来へと向ける。これらの矢が標的に到達するには時間がかかるという意味で、未来へと向ける。欲望を満たすには、その欲望の矢が標的に達するのに間に合うだけの時間を生きなければならないからで、オオカミやイヌの欲望はこの類のものである。けれども、これらとは異なった矢もある。いくつかの矢は燃えながら、未来の暗い夜へと飛び、わたしたちにその未来をライトアップしてくれる。これらの矢に対応するのが、人間の欲望、目標、計画である。これらはわたしたちを、未来がどうあるべきかという明確な想像を通して、明示的に未来へと向ける。死は、飛んでいる欲望の矢を切断することで、あらゆる生き物に害をあたえる。中でも、死がもっとも害をあたえるのは、燃えている矢をもつ生き物に対してである。

このようなメタファーで、わたしたち人間は時間を理解しようとする。時間を、過去から現在を通って未来へと飛ぶ矢として考える。あるいは、過去から未来へと流れる川だと想像することもできる。さもなければ、過去から現在を通り抜けて遠い未知へと航海する船だと考えるかもしれない。わたしたちは一時的な存在だからこそ、このような時間の流れに捉われている。他の動物と同様に、わたしたちの欲望の矢はわたしたちをこの時間の流れに引き入れ、流れに結びつける。そして、他の動物とは違って、わたしたちの矢はこの流れをライトアップして、ある程度までは、これを見たり、理解したりできるものにし、もしかしたら形づくれるものにすることもできる。

もちろん、これらはすべてメタファーである。メタファーでしかない。おまけに、どれも空間的なメタファーだ。カントや他の多くの人が注目したように、わたしたちは時間を理解しようとするといつも、空間とのアナロジーへと押し戻されてしまうようだ。それだけではなく、これらのメタファーは人生で重要なこと、すなわち生きることの意味についての一定の理解もいっしょにもたらす。

これらのメタファーは、生きる意味を見ることがわたしたちがめざすべきもの、わたしたちが向かうべき方向だと示唆している。現在は刻々と飛び去っていく。時間の矢は絶えず、ある地点を抜けて次の地点へと飛びつづけている。だから、もし生きることの意味が瞬間、瞬間に結びつけられているのなら、生きることの意味もまた絶えず飛び去っていく。人生の意味は、わたしたちの欲望、目標、計画と結びつけられているべきだ、これらの機能であるべきだ、とわたしたちは思っている。人生の意味は、わたしたちがそこに向かって進むもの、成就されるべきものなのだと。そして、あらゆる重要な成就と同じく、これは今起こることができるのではなくて、はるか後になってやっと起こるものなのだと。

けれども、はるか後に見られるのは意味ではなくて、意味の欠如であることも、わたしたちは知っている。時間の線を十分遠くまでたどっていくなら、そこには意味ではなくて、死や腐敗に突き当たる。すべての矢が飛んでいる途中で切断される、そうした地点にたどりつく。そこに意味の終わりを見つけるのだ。わたしたちの誰もが、未来に向かっている存在である。そしてここに、人生が意味をもつ可能性も見つけられる。けれども、わたしたちは死に向かっている存在でもある。時間の矢はわたしたちにとって救いと呪いの両方であり、わたしたちは矢の軌道に引きつけられもすれば、嫌悪もする。人間は物事に意味をあたえる生き物だ。わたしたちの人生は、他の動物の生命がもつことができない（とわたしたちが思っている）意味をもっている。わたしたちは死と結びついた生き物だ。他の動物ができない（とわたしたちが思っている）ような形で死をたどることができる生き物だ。しかし、わたしたちの人生の意味と人生の終わりは、時間の線をさらに進んだどこかに見つけられる。だから、この時間の線にわたしたちは魅惑されるし、恐れもする。これは根本的には、人間の存在がもつジレンマである。

6

エドガー・アラン・ポーの大鴉は「永遠になし《ネバーモア》」と言った。「永遠になし」はカラスがもつ概念なのかもしれない。イヌはこういう概念をもってはいないと思う。ニナはブレニンが好きだった。子犬時代からブレニンと一緒に育ち、起きているときはいつでもブレニンと一緒にいたがった。確かに、フランスに移るまでには、それどころか、もしかしたらロンドンに滞在していた頃にもすでに、ブレニンはニナにとってはもはや面白い存在ではなくなり、ニナはテスの方にはるかに大きな関心をもつようになった。他のイヌ、あるいはオオカミに対するニナの興味は、相手がニナとどれほど格闘したがるかによって左右された。そして、フランスに住み始めた頃には、ブレニンはあばれ回るのを楽しめなくなっていた。それでも、ニナはいつもブレニンに愛情を込めて接し、一時間ぐらい会わないでいた後には、必ず鼻をなめて挨拶した。

だから、ブレニンの亡骸《なきがら》を獣医のところから連れ戻ったときには、いささか驚いた。ニナはブレニンの体をちょっと嗅いだだけで、これよりはずっと楽しそうなテスとの遊びに興じた。ブレニンはもうそこにはいなかった。ニナはこのことを理解したに違いない。ただし、ブレニンが永遠にいなくなったということを、ニナが理解できなかったことも確かだ。

わたしたち人間は、これこそが動物の知能が根本的に劣っている証拠だと考えがちだ。動物は死を理解できない、人間だけができるのだと。だからこそ、わたしたちは動物よりもすぐれているのだと。かつてはわたしもそう考えていたが、今日では、劣等性の順序は逆方向を向いていると思う。

わたしがあなたと一年間、毎日同じ道を通って、同じ海岸に連れて行って、同じことをしたと仮定しよう。同じパン屋であなたに、ベニエ・フランボワーズ〔ラズベリー入りのドーナッツ〕でもなく、クロワッサンでもなく、いつもパン・オ・ショコラを買ったとしよう。すると、すぐにあなたは「えー！　またパン・オ・ショコラだなんて！　他のパンを買ってくれない？　一度でいいから。もう、パン・オ・ショコラなんてうんざりなの」と言うはずだ。

これが人間の態度だ。わたしたちは人生の時間を一本の線だと思っている。この線に対して、とてもアンビヴァレントな態度をとっている。自分の欲望、目標、計画の矢はわたしたちをこの線と結びつけ、その中にわたしたちは自分の人生が意味をもつ可能性を見出している。ところが、この線は死をも示しており、死はこの人生の意味をわたしたちから奪ってしまう。こうして、わたしたちはこの線に魅惑されると同時に、この線に反発もする。引きつけられつつ、恐れるのだ。絶えず違ったものを欲しがるのは、時間の線への恐れがそうさせているからだ。パン・オ・ショコラを口にしたとき、他のすべてのパン・オ・ショコラがこの線にそって、前後に点在するのを見ないわけにはいかない。わたしたちは今という瞬間をそれ自体として楽しむことは決してできない。その瞬間を、それ自体のものとして見ることはないからだ。瞬間は無限に前後にずらされる。わたしたちが今として見なすものは、以前に起こったことの記憶とこれから起こることへの予想からできている。そしてこれは、わたしたちには今はない、と言うのに等しい。現在の瞬間は前後にずらされ、時間の中に分散される。瞬間は非現実的なのだ。瞬間は絶えずわたしたちの手を逃れる。したがって、わたしたちにとって生きる意味は、決して瞬間の中にはない。

もちろんわたしたちは、少なくとも一部の人は、日常の習慣や儀式を好む。けれども、わたしたちは違ったものも欲しがる。毎朝わたしがパン・オ・ショコラを分け始めるときの、イヌやオオカミたちの顔をお見せしたかった。期待にふるえ、唾液をダラダラとたらし、苦痛に近いほど緊張した。彼らに関するかぎり、パン・オ・ショコラは今から永遠にいたるまで、ずっとあってよかった。彼らにとっては、顎がパン・オ・ショコラのまわりで閉じる瞬間はそれ自体で完結しており、時間の中に散りばめられた他の可能な瞬間が混じり込んではいなかった。それ以前に起こったことやこれから起こることによって増やされたり、減らされることはなかった。一方、わたしたちにとっては、それ自体で完結する瞬間は一度としてない。あらゆる瞬間に、それまでに起こったことの記憶や、これから起こることへの期待が混じり、これらによって汚されている。人生のどの瞬間にも、時間の矢はわたしたちを、青二才にも、死にかけの存在にもする。そしてこれこそが、人間は他のあらゆる動物よりすぐれている、とわたしたちが思う理由なのだ。

ニーチェはかつて、同じことの永遠のくり返し、つまり永劫回帰〔永遠回帰〕という説を出した。ニーチェを解釈するには、二つの、異なってはいても相互に矛盾しないアプローチがある。ニーチェはこれらの一方を少なくとももてあそび、他方を心から是認した。最初のアプローチは、永劫回帰の形而上学的な解釈と名づけることができるだろう。ここで「形而上学的」という言葉は、物事が実際にどうであるかという記述を意味する。永劫回帰を形而上学的な学説として理解すると、これが実際に無限に何回も起ころうとしていることを記述しているか、あるいはすでに無限に何回も起こったことを記述している、と考えることになる。宇宙が有限な数の素粒子（原子や原子よりも小さな素粒子）だけでできていると考えるなら、これらの素粒子の組み合わせもまた有限でしかない。実際にはニーチェは、宇宙が有限な数の量子すなわち力の束から構成されていると考えたが、これらは組み合わされたり、組み換えされたりすることができるから、本質的な点は同じである。これに加えて、時間は無限だと考えるなら、素粒子または力量子の同じ組み合わせはくり返されなければならないことになる。事実、同じ組み合わせは絶えずくり返されなければならない。けれども、人、人の周囲の世界、そして人生で起こる出来事は究極的には、素粒子の組み合わせでしかない。そうだとすれば、人の世界と人生は絶えずくり返されなければならない。時が無限ならば、人もまた永遠に回帰しなければならないのだ。

永劫回帰についてのこのような考え方は疑問である。これは宇宙が有限で、時間が無限だという仮定にもとづいているからだ。もしこれを否定するなら、つまり、たとえばもし時間が宇宙の創造と共に創造され、この同じ宇宙と共に死ぬと考えるのなら、この説は機能しなくなる。ニーチェは永劫回帰についてのこの解釈をもてあそびはしたが、発表された作品の中では決して明白に是認することはなかった。

ニーチェが発表作品で是認したのは、永劫回帰の実存的な解釈とでも呼べそうなものだった。この解釈によると、永劫回帰の観念は一種の生存テストをわたしたちにもたらす。『華やぐ智慧』

(Friedrich Nietzsche: Die fröliche Wissenschaft. 邦訳・白水社)の中でニーチェは、このテストを以下のように描写している。

最大の重し――ある日、あるいはある夜、デーモン(悪霊)があなたの最もさびしい孤独のなかまで忍びよってきて、こう言ったらどうだろう。「お前は、お前が現に生き、これまで生きてきたこの人生を、もう一回、さらには無数回にわたり、くりかえして生きなければなるまい。そこにはなにひとつ新しいものはないだろう。あらゆる苦痛とよろこび、あらゆる思念とためいき、お前の人生のありとあらゆるものが細大洩らさず、そっくりそのままの順序でもどってくるのだ。――この蜘蛛も、こずえを洩れる月光も、そしてこのいまの瞬間も、このデーモンのおれ自身も。――存在の永遠の砂時計は何回となく逆転され、――それとともに微小の砂粒にすぎないお前も!」――このことばを聞いたら、あなたは地に身を投げ、歯がみして、こうしたことを言うデーモンを呪詛しないだろうか? それともデーモンに向かって「お前は神だ。これよりも神々しいことは聞いたことがない!」と答えられるような異常な瞬間を体験したことになるだろうか? こうした思想があなたを支配するようになれば、それは現にあるあなたを変貌させ、ひょっとしたら打ち砕くかもしれない。

(氷上英廣訳)

ここでは永劫回帰は世界のあり方として描写されてはおらず、人が自分の人生のあり方と自分がどのような人物であるかの両方を知りたい場合に、自らに問うべきこととして描写されている。まず最初に、ニーチェが述べているように、あらゆる喜びは永遠を望む。人は人生がうまく運んでいると、それが永遠にくり返されるという考えを受け入れがちである。一方、人生がうまくいっていないと、この考えを恐ろしがるだろう。ここまでは深遠というよりも、明白である。たぶん、これよりは明白でないのは、悪魔がもたらした情報に対して人がどのように反応するかである。

誰かがあなたに「あなたは誰と永遠に過ごしたいですか」と尋ねたとしよう。何年も前、ノックダフに住んでいたときに、わが家のドアをノックするという誤りをおかしたエホバの証人のメンバーが口にしたかったのも、この疑問だったかもしれない。ブレニンとニナはわたしといっしょに家の裏手の庭にいて、誰が来たのかを見ようと、ドアに駆け寄った。わたしがドアまでたどり着いたときには、エホバの証人の一人は、顔を壁に向けて泣いており、ブレニンとニナが心配そうな顔をしながら、彼の体をクンクンと嗅いでいた。その日、エホバの証人たちがわたしに何を聞くつもりだったのかは、結局わからずじまいだった。彼らがすぐに立ち去ったからだ。それでも、わたしたちは当然、「あなたは誰と永遠に過ごしたいか」という疑問を宗教的なものと解している。永遠というのは死後の生であり、これはあらゆる意図や目的をもってしても、肉体の死を越えた、人生の線の継続でしかない。そのときわたしたちが忘れがちなのは、このような永遠においてわたしたちが避けることができない人物とは、自分自身だという点だ。そこで宗教はわたしたちに、自分が永遠を共に過ごしたい人間は自分自身なのだと、確信をもって言えるかという疑問を投げかける。そしてこれはむずかしい問題だ。

ところが、ニーチェはこの疑問をはるかに火急のものにしている。もし永遠が生命の線の継続ならば、この世の人生でなしとげる、生存にかかわるあらゆる進歩は、死後の人生でも続けられるだろう。人生が魂をつくる旅、魂をつくる弁神論なら、この旅は人の肉体の死後も続くことができる。それでは、今の人生だけが人生だとしよう。人生は線ではないのだと。時は輪で、人生は永遠にくり返され、ニーチェの悪魔《デーモン》が言ったような形で永遠に回帰するのだとしよう。この場合でもまだ、人は永遠に自分自身と共に過ごさなければならない。けれども、永遠はいまや輪であって、線ではないから、自分自身を改善したり完全にする機会がもはやない。自分がすることは何であれ、今しなければならないのだ。

人が強いなら、今しなければならないと思うことをするだろう、とニーチェは考えた。彼によると、自分の人生と精神が上昇しつつあるならば、人は自分自身を、永遠を共に生きたくなるような人物にするだろうという。一方、人が弱かったり、精神が下り坂にあったり、疲れているなら、繰り延ばすことへと逃避するだろう。自分がなすべきことは後でいつでもできる、将来の人生でできると考えるのだ。だから、永劫回帰は、精神が上り坂にあるか下り坂にあるかを判断する一つの方法である。わたしが生存テストと言ったのは、こういう意味だ、

けれども、永劫回帰の観念にはもう一つ別の効果、わたしがもっとも重要だと思う効果がある。時間を線だとする観念が暗示する、人生の意味の観念を覆してしまうのだ。わたしたちが時を線だと考えるなら、自ずと、人生の意味は自分が目ざすべき何かだと考える。この線のはるかかなたで果たすべきものだと。それだけではない。一瞬一瞬は絶えず消え去るので、人生の意味も瞬間の中には見出せない。それぞれの瞬間の意義は、その瞬間がこの線の上で占める位置から導き出される。瞬間の意義は、それが以前に起こったこと、すなわちまだ記憶の形で存在していることと、これから起こること、つまり期待の形で存在していることに対して、どのような関係にあるかにもとづいている。それぞれの瞬間は、常に過去と未来の亡霊の影響を受けているのだ。したがって、それ自体で完結した瞬

間はない。それぞれの瞬間の内容と意味は、時間の矢の線に沿ってくり延ばされたり、くり上げられたりし、分散される。

ところが、時間が線ではなくて輪だとしたら、人生が再現なく永遠にくり返されるとしたら、人生の意味は、線上のある決まった点へと向かう進捗の中に存在することはできない。そのような線はないから、そのような点もない。瞬間は消え去らない。その逆で、瞬間は無限に何度も何度も自分を主張する。それぞれの瞬間の意義は、ある線の上の位置から導き出されはしない。時間の線上でその瞬間の前後にあるものとの関係から導き出されるのではない。過去や未来の亡霊の影響も受けない。それぞれの瞬間はそれ自体のままである。それ自体で完成し、完結しているのだ。

そうなると、人生の意味はまったく違うものになる。線上のどこか決まった点や線の決まった区間に見られるのではなくて、瞬間の中に見られる。もちろんすべての瞬間ではないが、いくつかの瞬間に見られる。秋の収穫時にノックダフの畑に散らばる大麦の粒のように、人生の意味は生涯を通じて散らばっている。人生の意味は最高潮の瞬間に見られることもある。これらの瞬間のそれぞれはそれ自体で完成していて、意義や正当化のためにそれ以上の瞬間を必要とするわけでもない。

ブレニンが生きた最後の一年からわたしが学んだことの一つは、オオカミは、そしてこの点ではイヌもだが、ニーチェの存在テストを人間がほとんどしないような形でパスする、ということだ。人間なら「今日はもういつもと同じ散歩はしたくないよ。気分を変えて、どこか別のところに行くことはできないの？　海岸はうんざりだよ。それに、パン・オ・ショコラをくれるのはやめてくれないか。自分がパン・オ・ショコラになっちゃいそうだよ」などと言うだろう。わたしたちは時間の矢への魅惑と嫌悪を交互に感じるので、時間の矢への拒否がわたしたちに、目新しいもの、違ったもの、つまり時間の矢を逸脱したあらゆるものの中に幸福を求めさせる。けれども、時間の矢の魅惑というのは、時間の線からのどのような逸脱も新しい線をつくり出すだけだ、という意味である。だから、わたしたちの幸福は次には、この線からも逸脱するように求める。したがって、人間による幸福の追求は、退行的で無益である。そして、どの線の終わりにも見られるのは、「二度とない《ネバーモア》」ということだけだ。二度と顔に陽光を感じることはない。二度と愛する人の唇に微笑みを、その目に輝きを見ることはない。自分の人生や生きる意味についての観念は、喪失幻想をめぐって打ち立てられている。だから、時間の矢にわたしたちが魅惑される一方で恐れもするのは、不思議ではない。新しくて物珍しいもの、どんなに小さくてもよいから、時間の矢の通り道からそれるものに幸福を求めるのも、不思議ではない。わたしたちの抵抗は無駄な痙攣以外の何ものでもないが、理解できるのは確かだ。わたしたちの時間の理解がわたしたちの永遠の罰なのだ。ヴィトゲンシュタインは、微妙にではあるが決定的にまちがっていた。死はわたしの人生の限界ではない。わたしはこれまでも自分の死を常に抱えてきたのだ。

オオカミの時間は線ではなくて、輪なのではないかと思う。オオカミの生涯のそれぞれの瞬間は、それ自体で完成している。そして幸福はオオカミにとっては、同じことの永劫回帰に見出される。時間が輪なら、「二度とない」はない。したがって、オオカミの存在は、生を喪失のプロセスと見る幻想をめぐって打ち立てられているわけではない。ブレニンとの最後の一年間、わたしたちの生活が規則的に、同じことのくり返しで営まれたおかげで、わたしは同じことの永劫回帰をかすかに、おぼろげに見ることができた。「二度とない」の感覚がないところには、喪失の感覚もない。オオカミやイヌにとっては、死は本当に生の限界、終わりなのだ。そして、この理由から、死はオオカミやイヌを支配しない。これこそが、オオカミやイヌであるということ意味なのだと、わたしは思いたい。

ブレニンをおそらく世界の何よりも好きだったニナが、なぜブレニンの死体をちょっと嗅いだだけだったのか、今のわたしには理解できる。わたしたちすべての中で、ニナがもっともよく時間を理解していた。ニナはタイムキーパー、同じことの永劫回帰の熱心な守り手だった。毎日ニナは、午前六時になったこと、わたしがベッドから起きだして仕事を始めるべき時間になったことを正確に知っていた。毎日ニナは、時計が十時を指したことを秒単位で正確に知っていた。十時になると、わたしのひざに頭をのせて、書き物をやめる時刻になったこと、海岸に出かける時がきたことを知らせた。ニナはまた、海岸を出発して、パン屋が昼休みで閉まる前にそこに行く時間がきたことを知っていた。午後七時になって、夕食が出される時間になったこと、それに続いてデザートのためにラ・レユニオンに出かける時がきたことも知っていた。同じことの永劫回帰を保守し保証することは、ニナの生涯のミッションだった。ニナにとっては、何事も変わることはできなかった。何事も異なることはできなかった。真の幸福は、いつも同じであるもの、変わらないもの、永久不変であるものにのみ存在することを、ニナは理解していた。リアルなのは構造であって、不確実な状況ではないことを理解していた。あらゆる喜びは永遠性を望むことを理解していた。人がある瞬間に「然り《イエス》」と言ったなら、それはすべての瞬間にそう言ったことになることを。ニナの生涯は、「二度とない」が的を得ていないことを示す証拠だった。

9 オオカミの宗教

1

わたしたちは瞬間を透かして見るので、瞬間は逃げてしまう。オオカミは瞬間を見るが、瞬間を透かして見ることはできない。だから時間の矢は逃げてしまう。これが人間とオオカミの違いだ。わたしたちの時間との関係は、オオカミとは異なっている。人間はオオカミやイヌとは違った形の、時間的な動物である。ハイデガーによると、彼が時間性と呼ぶものこそが人間の本質だという。だが、時間とは本当は何なのかという問題には、わたしは関心がない。この点では、ハイデガーもそうだ。時間が本当は何であるのか誰も知らないし（一部の学者は、知っていると興奮して発表しているが）、知ることはないだろうと思う。わたしたちにとって決定的なのは、時間をどう経験するかである。

といっても、これは完全に正しいわけではない。哲学的な訓練を受けたわたしは、はっきりした区別がないところに、区別を見つけようとする。哲学というのは強引な行為で（傲慢な行為と言う人もいるだろう）、この行為でわたしたちは、区別や分離を受け入れないような世界、区別や分離が適さないような世界に、区別や分離を押し付けようとするのだ。この世界はあまりにつかみどころがない。わたしたちが見つけたいと思う区別の代りに、そこにあるのは、ある程度の類似性と違いだけなのかもしれない。オオカミは時間の動物であるだけでなく、瞬間の動物でもある。人間はオオカミとくらべて、より時間の動物であり、オオカミほどには瞬間の動物ではない、というのが妥当なところだ。わたしたちはオオカミよりも瞬間を透かして見るのがうまく、オオカミはわたしたちよりも瞬間自体を見るのがうまいのだ。オオカミはわたしたちに十分に近いから、わたしたちはこのために自分たちが得ることと失うことの両方を理解する。もしオオカミが話すことができたら、わたしたちはオオカミの言っていることを理解できると思う。

わたしたちの内なるサルは、あらゆる違いをすぐに自分の利益に結びつけようとする。だから、あらゆる記述的な違いは、すぐに評価の違いへと変わる。わたしたちの内なるサルは、人間は瞬間を透かして見ることに熟達しているから、オオカミよりもすぐれているのだと説明する。好都合なことに、瞬間を見ることではオオカミの方が人間よりすぐれていることを忘れているのだ。ブレニンとの生活がわたしに何かを教えてくれたのだとしたら、それは、優秀性というのは常に、一定の点においてのみ優秀だということだ。それだけではない。ある一点においての優秀さは、他の点での欠点になりがちだ。

時間性、すなわち時間を過去から未来へと伸びる一つの線として経験することは、一定の利益をもたらすだけでなく、一定の不利益ももたらす。時間性の利益をほめ称えるたがるサルはたくさんいる。この特別なサルの目的は、不利益に注意を引くことである。すなわち、人間は自分の人生の意味を知らないがために、幸せになるのがこうも難しいのだと。

時間の動物ではなくて瞬間の動物であるということは何なのか。この問題を明らかにしてくれるような経験を、ブレニンの生涯最後の二、三週間に彼とともにすることができた。瞬間を透かして見るのではなくて、瞬間自体を見ることにより適した動物であるということが、何を意味するかを見せてくれる経験だ。その時点までには、ブレニンがやがて死のうとしていることはわかっていた。感情的にはこれを受け入れるのを頑として拒否したが、少なくとも理性の上では知っていた。それで、ブレニンに数日間、ニナとテスから別れて休息させてやることが必要だと判断した。ブレニンは死ぬ直前の数日は、ほとんど眠って過ごしていたが、眠ろうとしているときでも、ニナとテスはちょっかいを出した。これはニナとテスが悪いのではない。ブレニンをひとりで家に残したくなかったので、わたしはニナとテスを散歩に連れ出すことができなかった。そんなことをする気も起こらなかった。そんなことをすれば、ニナとテスの騒々しい興奮にかきたてられて、ブレニンは弱々しいながらも、断固として立ち上がろうとするだろうし、もし連れて行かないと言ったなら、どれほど絶望的に落胆するかは想像がついた。ブレニンに生涯最後の数日をこんな形で過ごさせたくはなかった。そのため、最後の二、三週間はニナとテスは庭と家に閉じ込められ、当然のことながらますます過激になった。そこで、ブレニンを休ませるために、ニナとテスを、モンペリエ方面に一時間ぐらい行ったところにあるイッサンカという村のケンネルに預けた。ここに二、三日泊らせて、ブレニンがいくらかでもじっくり休めるようにしてやったのだ。

もちろんブレニンはいっしょにイッサンカに行くと主張したので、ブレニンもいっしょにドライブした。イッサンカから戻ってくると、ブレニンは奇妙な変身をした。じっくり休息などもってのほかのようだった。家じゅうわたしについて回り、興奮して跳んだりはねたりし、キャンキャンと鳴いた。わたしが自分用にスパゲッティをつくると、自分の分け前を要求した。これは久しく見られなかった行動だ。それでブレニンに「散歩に行きたいかい？」と聞いてみた。ブレニンの反応は、かつてのバッファロー・ボーイほどではなかったが、とても力がこもっていた。ソファーの上へとジャンプして、遠吠えをあげ、散歩に本当に行きたいのだと力説した。そこでわたしは、堤防までゆっくりと行って、堤防に沿って数百メートルくらい歩こうと思った。けれどもゲートに着くと、ブレニンはわたしたちと自然保護区とを隔てている掘割をあちこち走った。それでわたしは、今日でもまったく信じることができないことをした。

フランスに越してきた直後から、つまり一年以上も前からわたしはジョギングをしていなかった。越してきた当時は走ろうとしたのだが、最初の二、三キロメートルを走ると、ブレニンがはるか後ろに取り残されてしまうことに気がついた。ブレニンはこの事態をまったく喜んではいなかった。わたしが気づかない間に、ブレニンは年老いていたのだ。それで、ジョギングを散歩に代え、それに加えて海で泳ぎ、ブーランジェリーとラ・レユニオンに出かけることにしたのだ。ほかには、わたしはどんな形のトレーニングもしていなかった。引越してきてすぐに、ダンベルとトレーニングベンチのセットを買いはした。けれども、これを実際に使うだけの気力を起こせたことは、ほとんどなかった。このセットはたいていぽつんとテラスに置かれたままで、ところどころ錆びてきて、わたしがいかに怠惰だったか思い出させた。

ブレニンが歳をとり、弱るのと並行して、わたしも歳をとり、弱くなっていた。これは、人がイヌとともに生活するとしばしばあることだ。フランスでの年月の大半を、わたしは早期退職者のように過ごした。いくらか書き物はしたが、たいていは若いワインにひたっていた。ニナとテスはもちろん、遠くまでジョギングしたがった。けれども、ブレニンにはその気がなかったので、わたしたちは散歩に出かけるだけだった。こうして、わたしたちの生活の成り立ちが独特な形でからみ合っていたために、ブレニンの肉体的な衰えはわたしにも反映した。そして今、家の外に立ったわたしは、ブレニンが掘割ぞいに走りまわるのを見て、ブレニンに言った。「じゃあ、お前、出かけてみるか。」ローランズ一家の最後の喝采だ。「いいかい？」と。わたしはショーツを取りだし、ふたりは走り出した。走りながらも、注意深くブレニンを観察した。ブレニンがすぐにでも疲れてしまうことは、大いに予想できた。もしそうなら、すぐに家に引き返すつもりだった。だが、ブレニンは疲れなかった。わたしたちの光景はかなりおかしかったに違いない。死につつあるオオカミと、望みがないほど体型がくずれた四十歳に近い男性のふたり連れ。わたしたちは林を抜けて、カナル・ドゥ・ミディまで行き、この運河の土手沿いに並ぶブナの大木の木陰を走った。ブレニンはわたしの隣を、わたしの歩調に合わせて軽々と走った。それから、自然保護区を突っ切って、黒い雄牛や白いポニーのいる農場を通り過ぎ、堤防まで走った。それでも、ブレニンは疲れなかった。かつてのように、地面の上を楽に浮くように走った。隣のわたし、ドタドタとした足取りで、ハーハーとあえぐぶかっこうなサルは、こけつまろびつ走ったのだった。

理由はわからない。ブレニンはわたしをしばらく自分だけのものにしたかったのかもしれない。さよならを言いたかったのだけれど、ニナとテスに付きまとわれていては、ちゃんと言えなかったのかもしれない。理由はどうあれ、この日のブレニンのエネルギーと振る舞いには、はっきりとした好転が見られた。そして、この好転は続いた。ニナとテスが二、三日後に戻っても、この調子は弱まらなかった。が、またいっしょに走りに行くことはなかった。あの日のエネルギーレベルに到達するまでにはならなかったからだ。それでも、たいていの日には散歩に出かけた。ブレニンの調子は良かった。この状態は、ブレニンが死んだ日のほぼ直前まで続いた。

もし自分が癌を患ったらどうするだろうと想像して、ブレニンと比べずにはいられなくなる。ブレニンにとっては、癌は瞬間的に訪れる苦痛だった。ある瞬間にはブレニンは調子が良いと感じた。けれども次の瞬間、たとえば一時間後には、気分が悪くなった。それでも、それぞれの瞬間はそれ自体で完成していて、他の瞬間とは何の関係も生まなかった。一方、わたしにとっては、癌は時間の苦痛であって、瞬間の苦痛ではないだろう。癌への恐怖、人間にとって深刻なあらゆる病への恐怖は、時間を貫いて広がっている事実だ。恐怖は、癌がわたしたちの欲望や目標や計画の矢を断ち切り、しかもそれをわたしたちが知っているということにある。わたしだったら、家にいて休んだだろう。たとえ、あのときは気分がとても良かったとしても、家にいて休んでいただろう。人が癌にかかったときには、そうするのだ。わたしたちは時間的な動物だから、深刻な苦痛は時間的な災いだ。災いへの恐れは、災いが時間を貫いてすることに存在するのであって、災いがそれぞれの瞬間にすることにあるのではない。だからこそ、災いはわたしたち人間に対して、瞬間の動物に対してはできないような支配力をもつのだ。

オオカミはそれぞれの瞬間をそのままに受け取る。これこそが、わたしたちサルがとてもむずかしいと感じることだ。わたしたちにとっては、それぞれの瞬間は無限に前後に移動している。それぞれの瞬間の意義は、他の瞬間との関係によって決まるし、瞬間の内容は、これら他の瞬間によって救いようがないほど汚されている。わたしたちは時間の動物だが、オオカミは瞬間の動物だ。瞬間はわたしたちにとっては透明だ。瞬間に手を通して、わたしたちは物事を手に入れようとする。瞬間はつかみどころがない。わたしたちにとっては、完全にリアルではない。存在しないのだ。瞬間は過去と未来の亡霊で、過去にあったことと未来にあるかもしれないことのエコーであり、予想なのだ。

エドムント・フッサールは、人間の時間経験についての古典的な分析の中で、わたしたちが「現在」と呼ぶものの経験は、三つの異なった経験的な構成要素に分けられると述べている。まず、彼が「現印象」(本来の現在)と名づけたものの経験がある。けれども、わたしたちが通常もつ時間の意識では、この現印象の経験は、絶えず、未来に起こりそうな経験の流れへの予想と、近い過去の回想の両方によって形づくられる。前者をフッサールは「未来予持」、後者を「過去把持」と呼んだ。フッサールが何を言いたいのか知るために、何かを手に取ってみよう。たとえば、ワインの入ったグラスを手に取るとする。あなたはおそらく、これをグラスだと経験するだろう。けれども、指はグラス全体に触れているわけではなくて、グラスの一部だけに触れている。それでも、あなたはグラス全体を手にもっていると感じ、グラスの一部をもっているとは感じない。グラスをもっているというあなたの経験は、この経験をさせてくれる手の限界によって制限を受けないのだ。なぜそうなのだろう。フッサールによると、グラスをもつという経験、あなたが今していることとの経験が、あなたの経験が一定の状況では変わるであろうという予想と、近い過去においてこれがどのように変わったかという記憶から出来ているからなのだという。たとえば、あなたが指を下にずらせば、指が触れる部分が細くなり、もはやグラスのボウル(本体)ではなくてステム(脚)の細い部分をもつことになると予想する。同様に、数瞬間前に指を下にずらしたときに、あなたの経験がこのような形で変わったことをあなたは思い出すだろう。フッサールは、現在の経験すらも、過去と未来の経験と分かちがたく結びついていると述べたのだ。

こうしたことはすべて、オオカミにも人間にも当てはまると、かなり確信できる。わたしたちは現在を決してそれ自体としては経験しない。現印象は抽象であって、わたしたちが経験の中で出会える何ものとも対応しない。わたしたちが現在と呼んでいるものは、部分的には過去であり、部分的には未来なのだ。ただし、程度の違いは、種類の違いと同じぐらい重要である。わたしたち人間は、これをまったく新しいレベルにまでもっていった。わたしたちの人生の多くは、過去または未来に生きることに費やされる。たぶん、十分に努力すれば、オオカミがするように、現在を経験できるかもしれない。すなわち、過去の把持と未来の予持によってはほんのわずかにしか書かれていないものとして、現在を経験することを。それでも、これは人間がふつうにする、世界との出会い方ではない。わたしたちの中には、そしてわたしたちがふつうにする世界の経験には、現在は消し去られてしまっている。しぼんで無になってしまっている。

時間的な動物であることには、多くの短所がある。明白な短所もあれば、それほどはっきりしない短所もある。明白なそれは、わたしたちが多くの時間、たぶん不釣合いに大量の時間を、もはや存在しない過去やこれから起こる未来に関わることに使うという点だ。記憶にある過去や望まれる未来は、わたしちたちがお笑い草にもここ、現在とみなしているものを決定的に形づくる。時間的な動物は、瞬間の動物ができないような形で、神経症になることがあるのだ。

けれども、時間性はまた、もっと微妙でもっと重要な短所をもっている。人間だけがさらされる、一種の時間的な苦難があるのだ。人間だけが、この苦痛が根をおろせるほど十分に、過去や未来を生きるからである。人間は瞬間を見るよりも、瞬間を透かして見ることの方がうまいから（時間的な動物だから）、人生に意味をもたせたがるのだが、同時に、どのようにすれば自分の人生が意味をもてるかを理解する能力がない。時間性がわたしたちにくれた贈り物は、わたしたちが理解できないことへの欲望なのである。

2

シーシュポスは生身の人間だったが、神々をなんらかの形で怒らせてしまった。正確にどのようにしてかは、本当には知られていないし、物語によって異なる。おそらくもっともよく知られている話では、シーシュポスは死んだ後、ハデス（冥界の神）に、緊急の用を果たすために一時的でいいから生き返らせてくれと頼んだ。そして、用をおえたら、すぐに戻ると約束した。けれども、地上で光をふたたび見て、太陽の暖かさを顔に感じると、冥府の闇に戻りたくなくなり、そのまま地上にとどまった。現世の生活から戻るようにとの数しれぬ催促や指示を無視して、さらに何年もの間地上で生きおおせた。ついに神々の命令によって、シーシュポスは強制的に冥府に連れ戻された。そこには彼のための岩が待っていた。

シーシュポスは罰として、巨大な岩をころがしながら山頂まで上げるよう命じられた。何日、何週間、何ヶ月もの苦しい作業の後、やっと岩が頂上まで押し上げられると、岩は底までころがり落ちて、シーシュポスはもう一度この作業をくり返さなければならなかった。そして、この罰は永久に続いた。これは真に恐ろしい罰だが、おそらく神々だけができるような残酷さをはらんでいる。ところで、この恐ろしさは正確にはどこにあるのだろうか。

この神話のたいていのヴァージョンでは、シーシュポスの作業の困難さが強調されている。岩はふつう、シーシュポスがほとんど動かせないほど巨大だとされている。それで、シーシュポスが岩を押して、山を一歩一歩登るたびに、彼の心と神経と体力は極限にまでさらされる。しかし、リチャード・テイラーが指摘したように、シーシュポスが科せられた罰の真の恐怖はその困難さにある、というのは疑問である。神々が巨大な岩の代りに小さな石ころをあたえたと仮定してみよう。ポケットに簡単に入れてしまえるような石だと。そうならば、シーシュポスは山頂までだらだらと登っていっただろう。そして石ころが山をころがり落ちるのを見て、それから作業をまた最初から始めるだろう。これは岩を押すよりは骨が折れないが、だからといって、罰の恐ろしさはほとんど軽減されはしないと思う。

わたしたち人間は、幸福こそが人生で一番大切だと思っている。だから、シーシュポスの罰の恐ろしさは、彼がこの罰を嫌うということにある、つまりこの罪が彼をこれほど不幸にするのだと思いたくなる。けれども、これも正しくはないと思う。シーシュポスが自分の運命をののしるというのは、わたしたちの推測の域を出ない。だが一方で、神話で描写されているほどには、神々は復讐心に燃えていなかったのだと仮定してみよう。シーシュポスの不幸を軽減し、彼に自分の運命と折り合いをつけさせるために取り計らったのだと考えてみよう。神々はそのためにシーシュポスに、岩を山頂まで押し上げようとしないではいられないという、不合理ではあるが強烈な衝動を植えつけたのだと。神々がどのようにして植えつけたかについては、それほど気にする必要はない。重要なのはその結果だ。そして、結果はといえば、シーシュポスは今では岩を山頂まで上げるときが一番幸せなのだ。実際、これをさせてもらえないと、明らかに欲求不満に陥り、憂鬱にすらなる。それで、神々は慈悲心から、シーシュポスが神々から科された罰を望み、本当に心から歓迎するように動機づける。シーシュポスが人生で抱くただ一つ本当の望みは、岩を山頂までころがすことで、この望みが永久にかなえられることは保証されているのだ。神々のこのような慈悲がこじ付けであるのは疑いもないが、それでもこれは慈悲ではある。

　実際、この慈悲はあまりに完璧で、シーシュポスの課題を罰とみなす現実の意味は、もはやないのかもしれない。これは罰というよりも報奨のようである。もし幸せが、人生についての良い感情、人生とそこで起こるあらゆるものをすばらしいと感じることであるのなら、シーシュポスの新しい存在状況は最適のように見える。シーシュポス以上に幸せには誰もなれない。自分のもっとも深いところにある望みが永久にかなうことが保証されているのだから。もし幸福が人生でもっとも大切なら、シーシュポスの人生以上にすばらしい人生は想像できないだろう。

　けれども、シーシュポスの罰の恐ろしさは、神々の慈悲によってはまったく軽減されないように思われる。ときには、神々による報奨は報復よりもひどいことがある。今やわたしたちは、以前よりももっとシーシュポスに同情すべきなのだと思う。神々による「慈悲」が下る前は、シーシュポスは少なくとも何らかの尊厳をもっていた。権力はあるが悪意もある者どもが、彼に運命を押し付けた。彼はこの作業のむなしさを見てとるが、やむをえず果たす。ほかに何もできない。死ぬことすらできない。しかし彼は、この使命のむなしさを見抜き、このようなことを自分に課した神々を軽蔑する。だが、神々が慈悲的になったとたんに、この尊厳は失われる。今やわたしたちの軽蔑には同情心も混じるかもしれないが、それでも軽蔑する。この軽蔑は、シーシュポスをこのようにした神々だけでなく、シーシュポス自身にも向けられなければならない。お人よしのシーシュポス、だまされたシーシュポス、まぬけなシーシュポス。長い山道をとぼとぼと降りながら、シーシュポスは神々の慈悲が下る前のことをぼんやりと思い出すことがあるかもしれない。魂の奥底から、小さな、静かな声が彼を呼ぶかもしれない。そして、ちょっとだけシーシュポスは、こだま《エコー》とささやきを通して、何が自分に起こったのかを理解するかもしれない。そして、自分が小さな者になってしまったことを悟る。重要な何かを失ったこと、今自分が楽しんでいる幸せよりも、もっと大切なものを失ったことを理解する。神々の慈悲はシーシュポスから、彼の人生（あるいはむしろ、死後の人生）が悪い冗談以上のものになる可能性を奪ってしまったのだ。彼の幸せよりも大切なのは、まさしくこの可能性なのだ。

わたしたちが幸せになる能力をもつ動物であるとは、わたしには思えない。少なくとも、わたしたちが幸せについて考えているような形では思えない。打算、わたしたちのサル的な陰謀や騙しは、魂にあまりに深く入り込んでいるので、わたしたちは幸せになれないのだ。わたしたちは策謀や嘘が成功したときに訪れる感情を求め、それが失敗したときにくる感情を避ける。一つの目標が成功するとすぐに、次のそれをさがす。常により良いものを求めてあがき、その結果、幸せはすり抜けていく。感情（わたしたちは幸せも感情の一つだと思っている）は瞬間の産物である。けれども、わたしたちにとっては瞬間はない。どの瞬間も無限に前後に移動するからだ。だから、わたしたちには幸せはありえない。

それでも少なくとも、わたしたちは今では、自分が感情に執着していることを理解できる。これははるかに深いところにあるものの徴候だ。なんらかの形で感情に捉われるのは（これこそが人生でもっとも大切だとする、広く普及していた考え方）、過去や未来の生活がわたしたちから取り上げてしまったもの、すなわち瞬間を取り戻そうとする試みである。これは、わたしたちにとっては現実的な可能性ではもはやない。しかし、たとえわたしたちが幸せであることができるとしても、たとえ幸せが現実的に可能であるような類の動物だとしても、その中心にあるのは、別のものである。

3

シーシュポスが受けた罰の本当の恐怖はもちろん、その困難さにあるわけではないし、これによって彼がこうも絶望的に不幸になるという事実にあるのでもない。罰の恐怖は、これがまったく無益だという点にある。ただし、シーシュポスの作業が成功しないということだけが問題なのではない。人は意味ある課題に直面し、それを達成できないことがある。そうなれば努力は無駄に終わる。これは悲しくて悔しいことかもしれないが、恐怖ではない。シーシュポスに課せられた仕事の恐怖は、それが簡単か困難かどうかには無関係に、また彼がそれを好むか嫌うかにも関係なく、彼がそれを達成できないという事実にあるのではなく、ここには成功と呼べるようなものは何もない、という点にある。彼が岩を山頂に運ぶか否かには関係なく、岩は山をころがり落ち、彼はまた作業を始めなければならない。彼の仕事は無益だ。これには目的がない。彼の仕事は岩と同じように不毛なのだ。

ここからわたしたちは、もしシーシュポスの仕事に目的を見出せるならばすべては良くなる、と思いたくなる。人生に見出すべき一番大切なものは幸福よりも目的なのだと（シーシュポスの人生であるか、誰か他の人のであるかには無関係に）。けれども、これもまた正しくはないと思う。なぜそうなのかを見るために、シーシュポスの仕事に意味があると仮定してみよう。彼の努力が目ざす目標があるのだと仮定してみよう。岩が山をころがり落ちるのでなく、山頂にとどまるとしよう。そして、彼は山を降りると、同じ岩ではなくて、別の岩を取る。神々の命令は今や、寺を建てることである。壮大で美しい寺、神々の権力と偉大さにふさわしい捧げ物というわけだ。読者が望むなら、さらに、慈悲深い神々がシーシュポスに、まさにこれをしたいという強い望みを植えつけたとも仮定しよう。そして彼は何年もの間、不快で恐ろしい苦役をした後に、この使命を果たしたのだと想像しよう。今では寺は完成した。シーシュポスは高い山の上で休み、自分の労働の成果を満足してながめることができる。そこには一つだけ疑問が残る。これからどうするのか、という疑問だ。

この点が困ったところだ。人生で一番大切なものは目標とか目的だとすると、その目的が達成されたとたんに、人生にはもはや意味がなくなるのだ。本来の神話ヴァージョンでは、シーシュポスには何の目的もないという理由で、彼の存在には何の意味もない。それとまったく同じように、わたしたちの焼き直しヴァージョンでは、彼の目的が完成したとたんに、彼の存在はどのような意味も失う。山頂で、自分が変えることも付け加えることもできない目標を、永久にながめ続ける彼の人生は、巨大で頑として動かない岩を山頂まで上げ、それが山頂に達したとたんにころがり落ちるのを見る人生と同じように、無意味なのだ、

わたしたちは、時間を過去から未来へと伸びる矢だと考える。わたしたち一人ひとりの人生は、この線の、お互いに重なり合う線分としてこの線上にあるのだと。この理由から、人生で大切なのは人生が向かっている目標、わたしたちが進んでいる先にあるものだと考えるのが自然なのかもしれない。人生でもっとも大切なものは、わたしたちがそれに向かって働かなければならない何かなのだと。これが人生の目標や計画がもつ機能である。もし、わたしたちが十分に努力すれば、そして十分に才能があるなら、さらにはまた、十分に運が良ければ、これは達成できる。もちろん、これが正確にはいつ達成されるのかは、はっきりしない。人生でもっとも大切なものは、この世の人生で達成できる、と考える人もいる。多くの人は、これは死後の人生でのみ達成できるのであって、この世の人生が重要なのは、死後の人生のための準備でしかないと考える。けれども、シーシュポスの例をざっと見ただけでも、人生の意味がこのようなものではあり得ないのは確実だ。人生の意味が何であろう

と、何らかの目標とか最終地点に向かって進むことにあるはずがない。目標がこの世であろうと、来世であろうと。

シーシュポスの神話はもちろん、人間の生への寓話である（実際、フランスの実存主義的哲学者、アルベール・カミュは寓話として使った）。この寓話は緻密ではない。各人の人生はシーシュポスの山頂までの旅の一つのようでもあり、人生の一日一日は、この旅における彼の一歩一歩と同じである。ただ一つの違いは、シーシュポスはもう一度山頂まで岩を押し上げるために自ら戻ってくるが、わたしたちはこれを子どもたちに遺していくという点だ。

今日、仕事や学校などに行く人は、せかせかと歩く人々の群れを見てみるとよい。あの人たちは何をしているのだろう。どこに行こうとしているのだろう。その中の一人に焦点を当ててみよう。たぶん、その人はオフィスに行って、そこで昨日したのと同じことをするだろうし、明日も今日と同じことをするだろう。彼の心の中では、エネルギーと目的が脈打っているかもしれない。報告書は午後三時までに（これが重要だ）ミズ・Xのデスクに提出しなければならない。それに午後四時半のミスターYとのミーティングも忘れてはならない。もしこれがうまくいかなかったら、北米市場での売り上げの結果はひどいことになるだろう。彼は、これらすべてが非常に重要であることを知っている。これらを彼は楽しんでいるかもしれないし、いないかもしれない。いずれにしろ彼はこれをする。家族もあれば家族もいるし、子どもを育て上げなければならないからだ。だが、なぜだろう。数年後に子どもたちが彼と同じことを、同じ理由でして、彼ら自身もまた自分の子どもをもち、その子どもたちもまた同じことを同じ理由からするためにだ。彼らもまた、報告書やミーティングや北米市場での売り上げのことを心配するだろう。

このような存在のジレンマが、シーシュポスの話から見えてくる。ミズXやミスターYに会わなければならず、北米市場の心配をしなければならない男性と同じように、わたしたちは人生に小さな目標や目的を抱くことができる。それでも、こうしたことは、わたしたちの人生に意味をもたせることはできない。こうした目標は、それ自身のくり返しだけを目ざしているからだ。わたしたちやわたしたちの子孫によってくり返されることを。しかし、もし人生に意味をもたらすほど偉大な目的を見つけるべきなのだとしたら（そのような目的がどんなものなのか、わたしにはさっぱりわからないが）、わたしたちはいかなる犠牲を払ってでも、その目的が達成されないよう心がけなければならない。目的が達成されたとたんに、人生にはまたも意味がなくなるからだ。もちろん、意味をもたらすほど偉大な目標達成の時点を、息を引き取る最後の瞬間とぴったり合わせられるなら、すばらしいだろう。しかし、わたしたちが一番弱っているときに達成できる目的とは、いったいどのようなものなのだろう。それに、一番弱っているときにその目標が達成できるのなら、なぜそれより前に達成できないのだろう。人生の意味とは、あるとき釣り針に当たり、針に引っ掛かったまま、わたしたちが死ぬ寸前まで水から引き上げられるのを待っている魚のようなものだ、と考えるべきなのだろうか。これはどのような意味なのだろう。そして、わたしたちがもはや力を失おうとしているときに、魚を水から取り出すことができるのなら、それはどのような魚なのだろうか。

人生の意味が目的にあると考えるなら、わたしたちはその目的が決して達成されないようにと願わなければならない。人生の意味が目的にあるなら、意味をもち続けるために必要な人生の条件は、目的達成に失敗することにある。わたしの見解では、これによって人生の意味は、決してかなえられない希望へと変貌する。だが、決してかなえられない希望にどんな意味があるだろう。見込みのない希望は人生に意味をもたらさない。シーシュポスは、山頂に置いた岩がいつかはそこに留まるだろうという、無益な希望を抱いていたに違いない。しかし、この希望はシーシュポスの人生に意味をあたえはしなかった。人生の意味は、ある最終地点や目標に向かって進むことには見出せないと結論すべきだ、とわたしは思う。最終地点には何も意味はないのだ。

4

人生の意味が幸せでも目標でもないというなら、いったい何なのだろう。そもそも、どんなものなら意味となれるのだろう。ヴィトゲンシュタインは哲学的な問題との関連で、「手品」における決定的な動きと言った。彼は、解決不可能に見える哲学的な問題は常に、わたしたちが無意識に、そして究極的には無許可で討論にもぐり込ませた仮定にもとづいていると考えた。この仮定が、わたしたちをこの問題についての一定の考え方に向かわせる。そして、わたしたちが結局いつかは陥らざるを得ない袋小路は、この問題自体の表れではなくて、この問題についてわたしたちに一定の考え方をとるようにさせた仮定の表れなのだ。

人生の意味については、「手品」における決定的な動きに関して、わたしは次のように提案する。わたしたちは、人生で一番大切なのは何かをもつことだと仮定した。もし、わたしたちの人生が一本の線で、その線は弧を描く、いくつもの欲望の矢でできているとしたら、わたしたちはこうした矢が取り囲むもののすべてを所有することができるだろう。十九世紀のアメリカ西部では、入植者たちには、彼らが一日の間に馬で踏破できた土地すべてが得られると約束されたことがある。これは土地収奪と呼ばれた。わたしたちは原則的には、自分の欲望、目標、計画の矢が踏破できるものなら何でも所有できると思っている。人生で一番大切なもの（人生の意味）は何でも、才能や勤勉さ、そしておそらく幸運によって、収奪できるのだと思っている。これが幸福なのかもしれないし、目標なのかもしれない。これらは両方とも人が所有できる。けれども、これが人生の意味ではないことを、わたしはブレニンから学んだ。人生で一番大切なのもの（望むなら、人生の意味と考えてもよいだろう）は、まさしくわたしたちが所有できないものに見出せるのだ。

人生の意味は所有できる何かだ、という考え方は、わたしたちがサルの魂から受け継いだものではないかと思う。サルにとっては、所有はとても重要だ。自分が何をもっているかで自分を評価する。一方、オオカミにとって重要なのは、何かをもつことではなく、存在することである。オオカミにとって生きる上で一番大切なのは、あるものや量を所有することではなく、ある一定のタイプのオオカミであるということなのだ。しかし、たとえわたしたちがこの点を認めるとしても、わたしたちのサル的な魂はすぐに、所有が一番重要であることを新たに確認しようとする。一定のタイプのサルであるということは、わたしたちが目ざすことができるものだ。一定のサルであるということは単に、わたしたちがもつことができる、もう一つの目的でしかない。自分が一番そうなりたいと願うサルというのは、それに向かってわたしたちが進捗できる目標だ。これは、わたしたちが十分に賢く、十分に勤勉で、十分に幸運なら、達成できるものなのだ。こうサルは考える。

けれども、人生において学ぶべきもっとも重要で困難な教訓は、物事はそうしたものではない、ということである。人生で一番大切なのは、わたしたちがいつかは所有できるようなものではない。人生の意味は、まさしく時間的な動物が所有できないもの、すなわち瞬間に見出されるのだ。だからこそ、自分の人生にとって納得できるような意味を認めるのがこうもむずかしい。瞬間は、わたしたちサルが所有できないものの一つだ。物事の所有は瞬間の消去にもとづいている。瞬間というのは、わたしたちが欲望の対象を所有するために、通り抜けるものだ。わたしたちは自分がすばらしいと評価するものを所有したがり、その所有権を主張する。つまり、わたしたちの人生は大きな土地収奪である。そして、だからこそ、わたしたちは時間の動物であって、瞬間の動物ではない。瞬間はつかもうとする指の間から絶えずすり抜けてしまうのだから。

人生の意味は瞬間に見られる。そうは言っても、「瞬間を生きなさい」と説く、よく聞かれるお手軽で小さな説教をここでくり返しているわけではない。不可能なことをするように勧める気はまったくない。そうではなく、すべてでは決してないにしろ、いくつかの瞬間があり、こうしたいくつかの瞬間の陰の中にこそ、人生で一番大切なものを見つけ出せる、と言いたいのだ、つまり、最高の瞬間というものを。

5

「最高の瞬間」という表現は誤解を招くかもしれない。人生の意味についての、わたしたちが拒否すべき見解へとわたしたちを引き戻してしまう。最高の瞬間というと、次のような三通りの考え方のどれか一つをとりがちだが、これらはみな誤っている。最初のそれは、最高の瞬間を、人生がそれに向かって進む目標となるような瞬間と見なす考え方だ。人生の指針となるような瞬間、十分に才能があって勤勉ならば達成できるような瞬間と見なすのだ。けれども、わたしたちの最高の瞬間というのは、人生の絶頂ではないし、自分の存在の目的でもない。人生の最高の瞬間は、人生のあちこち、時間のあちこちに散在している。オオカミが地中海の夏の温かい水をはね散らすときに生じる、さざなみのようなものだ。

わたしたちは、人生で大切なのは幸福だと考えるよう、過度に条件づけられているので、その幸福とは快い感情だと理解している。そのため、最高の瞬間と聞くたびに、どうしても強烈な喜びの、一種の涅槃的な状態を考えてしまう。これが、わたしが最高の瞬間と呼ぶものに対する二つ目の誤解だ。実際には、最高の瞬間はたいてい楽しいものではない。時には、想像し得るかぎりもっとも不快な瞬間、人生でもっとも暗い瞬間が最高の瞬間である。最高の瞬間は、わたしたちが最良であるときに起こる。そして、そうあるためには、しばしば真に恐ろしいことが必要になる。

最高の瞬間について、同じように誤ってはいるが、これらよりももっと微妙で巧妙な考え方もある。最高の瞬間は、自分が本当は何なのかということを明らかにしてくれる、という考え方だ。自分を定義してくれる瞬間こそが最高の瞬間だと考えるのだ。西欧的な思考には、自分自身や人格を何か定義できるものと見なす傾向が執拗に見られる。シェイクスピアのまねをして、もったいぶった調子で「おのれに忠実であれ」などと唱える。この言葉は、真の自分というものが存在することをほのめかし、人は自分自身に正直であるか、不正直であるかのどちらかでしかあり得ないと示唆している。これに対しては非常に疑問を感じる。真実のあなたとかわたし、自分に対して不正直になってしまうさまざまな可能性を克服・超越するような自己とか人格がある、ということに疑問を感じる。そもそも、これがシェイクスピアの見解であったのかという点も疑わしい。シェイクスピアはこの言葉を、明らかに愚かなポローニアスに言わせているのだから（この点を確証してくれたコリン・マックジンに感謝する）。

したがって、嘘の自分と対峙する真の自分というものがあることには、疑問を感じる。あるのはただの自分だけだ。そもそも、真の自分があるという考え方にももはや確信はない。わたしがわたしと呼ぶものは、心理的にも情緒的にもすべて類縁のある一連の異なる人々なのではないか。これらすべてがわたしであるという幻想によって、一つにまとめられているのではないか。誰にもこれはわからない。それに、実のところ、これはどうでもよい。重要なのは、わたしの最高の瞬間それぞれが、それ自体で完結していることである。そして、わたしは誰なのか、何なのかを定める上で果たすとされるような役割によって正当化する必要はない、ということなのだ。大切なのは瞬間であって、その瞬間が明らかにしてくれると（誤って）見なされている人格ではない。これは厳しいレッスンである。

わたしの職業は哲学者であるから、がんこな懐疑主義は商売道具である。また、そうあらねばならない。哀れな老いた神がしてくれた努力（ブレニンの姿をした石の亡霊の形による、あまりにあり得ない干渉）をもってしても、わたしはまだ神を信じることができない。それでも、もし信じることができるとしたら、神は『ミルク森の中で』（Under Milk Wood. ウェールズ出身の作家ディラン・トマスの朗読劇）に出てくるエリ・ジェンキンズの祈りの神であってほしい。わたしたちの最悪の面ではなくて、最良の面を常に見つけてくれる神だ。わたしたちの最高の瞬間は、わたしたちがもつ最悪の面ではなくて、最良の面を明らかにしてくれる。最悪のわたしは、最良のわたしと同じようにリアルである。それでも、わたしを価値ある人間にするのは（わたしが価値ある人間であればの話だが）、最良の時のわたしだ。

わたしが最良だったのは、フランスで暮らし始めた頃に、ブレニンの死に対して「ノー」と言ったときだと確信している。当時、わたしは睡眠不足のために、気が狂いそうだった。自分が死んでいて、地獄にいるのかと思った。自分の人生で起こっていることを見て、テルトゥリアヌスの霊魂論は良い意味で理性にかなっているように聞こえた。病院に送り込まれたほうがいいほどに心神を喪失していた。それにもかかわらず、この時期はわたしの人生における最高の瞬間だった。シーシュポスがいつの日にか理解したのは、このことだ。これ以上続けることが無益なとき、行為を続ける目的となる希望がないときに、わたしたちは最良の状態にある。希望というのは、わたしたちを時間的な動物にする欲望の一つの形だ。希望の矢が、未来の未発見の土地へと弧を描くのだ。だが、時には希望の出しゃばりをたしなめて、元の薄っぺらい小さな箱に戻すことも必要だ。こうして、わたしたちは何とか続ける。そして、こうすることで試練に耐える。(といっても、もちろん、それがこうすることの理由ではない。どんな理由づけも、こうした姿勢を弱めてしまうだろう。)このような瞬間瞬間に、わたしたちはオリンポスの神々に向かって「コン畜生」と叫ぶ。この世の神々やあの世の神々、わたしたちやわたしたちの子孫に、永遠に岩を山までころがし上げさせようとする計画に向かって叫ぶ。最良であるためには、何の希望もなく、続けることから何ものも得られないような窮地に追い詰められなければならない。そうなっても、わたしたちはとにかく進みつづける。

死が自分の肩にのしかかって、もはやできることは何もなく、自分の時間はほとんど終わったときに、わたしたちは最良の状態にある。わたしたちは「コン畜生」と人生の線に向かって言い、線の代りに瞬間を歓迎する。わたしは死のうとしているが、この瞬間は気分が良いし、強いと感じる。そして、わたしは自分がしたいことをしようとしている。こうした瞬間はそれ自体で完結しており、過去や未来の他の瞬間において正当化する必要はないのだ。

体重四十五キロのピットブルのような人生に喉元をつかまれ、地面に押さえつけられるとき、わたしたちは最良である。わたしたちがたった生後三ヶ月の子犬で、容易に引き裂かれてしまいそうなときに、わたしたちは最良なのだ。痛みが訪れ、もう希望がないことをわたしたちは知っている。それでも泣いたりわめいたりはしない。もがきすらしない。その代りに、体の奥底から唸り声を発する。静かでよく響く唸り声、柔軟な年齢とこわれそうな肉体にはそぐわない声。その唸り声は言う、「コン畜生」と。

なぜわたしはここにいるのだろう。四十億年もの盲目的で無思考な発展の後に、宇宙はわたしを生み出した。それだけの価値があったのだろうか。真剣に疑問を感じる。いずれにしろ、神々がわたしに希望をくれず、地獄の番犬セルベルスに首根っこを地面に押さえつけらて、「コン畜生」と言うためにここにいるわけではない。これは幸せな瞬間ではない。しかし、これらの瞬間こそが最高の瞬間なのだと、今のわたしは知っている。わたしにとって一番大切な瞬間だからだ。そして、これらの瞬間が大切なのは、これらの瞬間自体のためであって、わたしが何であるかを定義する上でこれらの瞬間が果たす役割のためではない。もし、わたしが何らかの形で価値があるとしたら、もし、宇宙がなし遂げた価値あることの一つであるとしたら、これらの瞬間こそが、わたしを価値あるものにしてくれるのだ。

こうしたことをすべて明らかにしてくれたのは、一頭のオオカミである。このオオカミは光であり、この光が投げかける影の中に、わたしは自分を見ることができた。わたしが学んだことは事実上、宗教のアンチテーゼだった。宗教は常に希望に訴える。キリスト教徒やイスラム教徒は、自分が天国に値する人間であるという希望をもつ。仏教徒なら、生と死の大きな車輪から解放され、涅槃に到達するという希望をもつ。ユダヤ＝キリスト教では、希望は第一の徳にまで昇格し、信仰と名づけ変えられた。

希望は人間存在の中古車販売員だ。とても親切で、とても納得がいく。それでも、彼を信頼してまかせることはできない。人生で一番大切なのは、希望が失われたあとに残る自分である。最終的には時間がわたしたちからすべてを奪ってしまうだろう。才能、勤勉さ、幸運によって得たあらゆるものは、奪われてしまうだろう。時間はわたしたちの力、欲望、目標、計画、未来、幸福、そして希望すらも奪う。わたしたちがもつことのできるものすべて、所有できるあらゆるものを時間はわたしたちから奪うだろう。けれども、時間が決してわたしたちから奪えないもの、それは、最高の瞬間にあったときの自分なのである。

6

アルフレート・フォン・コワルスキー〔十九世紀から二十世紀初頭にかけてドイツで活躍したポーランドの画家〕による「孤独なオオカミ」という絵がある。夜、雪におおわれた丘の上に一頭のオオカミが立ち、小さな丸太小屋を見下ろしている。小屋の煙突から煙が立ち昇り、窓には暖かい光が見える。この小屋を見るといつも、ノックダフで冬の夕方の散歩から戻ったときの光景を思い出した。先を歩くブレニンと雌イヌたちが森の暗闇から出て、わたしが家の窓辺に灯しておいた、わたしたちを歓迎する光の方へと歩む光景だ。コワルスキーの絵はもちろん寓話的だ。他人の暖かくて居心地のよい快適な生活を覗く、アウトサイダーを描いている。けれども、この小屋がノックダフを思い出させるのは、このオオカミが当時のわたしと、わたしが営んだ生活を思い出させるからだけなのかもしれない。

あの暗い一月の夜、ラングドックでブレニンを土に埋め、神に向かって激怒し、死にそうになるほど酔っ払ったとき、なんらかの形であの生活は終わったか、あるいは決着をつけ始めていた。あの夜、本当はわたしは死んだのではないか、と思うことがある。デカルトは、彼の魂の長くて暗い夜に、自分を欺かないであろう神に加護を見出した。デカルトはほとんどすべてのことを疑うことができた。自分の周囲に物的な世界があること、自分が物的な体（肉体）をもつことなど。才能のある数学者・論理学者である彼は、数学や論理の真実を疑うことができた。しかし、彼はやさしくて善き神が存在していることを、疑うことはできなかった。自分の信仰に十分に配慮するかぎり、神は自分を欺かれるままにしないはずだと信じたのだ。

デカルトはこの点では間違っていたのではないかと思う。善き神とやさしい神の間には違いがある。善き神は、わたしたちを欺かれるままにはしないかもしれない。けれども、やさしい神がそうするであろうことは、ほとんど確かだ。人生の最高の瞬間はあまりに辛くて、活力を奪う。人生の価値が瞬間においてしか明らかに示されないのには、理由がある。人生の価値がほかの形で明らかにされるほど、わたしたちは十分に強くはないからだ。わたしは従来の意味では、宗教的な人間ではないが、ブレニンが死んだ夜、弔いのために積んだ薪の炎ごしに、ブレニンの石の亡霊がわたしを見返しているのを見たときのことを思い出すと、神がわたしにこう言っているように思うことがある。「これでいいんだよ、マーク、本当にこれでいいんだ。いつも辛い必要はない。君は心配しなくていい」と。このような気持ちは、人間の宗教の本質なのではないかと思う。

これは死んだ人間が見る、驚くほど美しい夢なのかもしれないと、ときどき思う。デカルトの善き神ではなく、やさしい神から死者に託された夢だ。この神は、わたしを欺かれるままにする神だが、それは、これこそがやさしい神がなすことだからだ。この神は、わたしが息も絶えだえに呪ったのと同じ神だ。

わたしがそう思うのは、もし神があの夜に姿を現し、ペンと紙をくれ、これから先の人生がどのようなものであって欲しいかを書けと言ったなら、あの時以上に、良くは書けなかっただろうからだ。今のわたしには妻がいる。名前はエンマ。これまで出会った中でもっとも美しい女性であるだけでなく、これまで知り合った人の中でもっともやさしい人物だ。彼女は、疑問や反論の余地なく、確証できるほど明白に、そして無条件にわたしよりもすぐれている。

わたしのキャリアはずっと上昇し続けた。かつては誰も知りたいとも思わないようなちっぽけな教師として、もっとちっぽけな大学に勤めていたが、今ではアメリカ合衆国のトップレベルの大学から、考えられないほどの給料のオファーがくる。著書はベストセラーというか、少なくとも、高尚な学術的出版物としてはベストセラーに相当する本になった。そして、状況や動機は何であれ、一度に二リットルのジャック・ダニエルを飲んでしまえる人間ではなくなったし、そんなことを思うことすらなくなった。（読者も実感しているはずだが、何年間もたえず気張って飲《や》りつづけなければ、これほど酒が飲める人間にはなれない。）

こうしたことを述べるのは自慢のためでもなく、とくべつ自分に満足しているからでもない。まったくその逆で、正真正銘、驚くほど混乱している。こう述べるのは、そのどれ一つとして、究極的にはわたしをそれに値する人間にするわけではない、と知っているからだ。誇らしくないと言えば、嘘になる。それでも、同時に、この誇りに対しては慎重になる。これはサルの誇り、陰鬱でこそこそしたサル魂の誇りだ。人生で一番大切なのは、役立つ理知やそれに伴うもろもろのものを通して、自分を頂点まで導くことだと考える魂だ。けれども、ブレニンを思い出すとき、一番大切なものは、たくらんだ謀り事が止まったとき、嘘が喉につかえたときに残る自分なのだということも、思い出す。最終的には、すべてはみな運によって決まる。そして神々は運を贈ってくれたときと同じように、すばやくわたしたちから奪うことができる。一番大切なのは、運が尽きたときに自分がどのような人物であるか、ということなのだ。

ブレニンを埋葬した夜の、彼を弔うばら色の火の暖かさと、ラングドックの夜特有の鋭く刺すような寒さの中に、わたしたちは根本的な人間の条件を見る。ばら色の暖かさと希望のやさしさの中で営まれる生活は、誰もがもしできるなら選ぶであろう人生だ。尋常であればそうする。しかし、時が来たときに一番大切なこと、そして常に大切であろうことは、人生をオオカミの冷たさをもって生きるということだ。そのような生活はあまりに辛く、あまりに寒々としていて、わたしたちは萎えてしまうほかない。それでも、そこにわたしたちが生きられる瞬間が訪れる。これらの瞬間が、わたしたちを生きるに値する人物にする。なぜなら、究極的には、挑む意志《ディファイアンス》(反抗)によってのみ、わたしたちは救われるのだから。もし、オオカミが宗教をもっているとしたら、もしオオカミの宗教があるとすれば、その宗教はこのことを教えてくれるだろう。

7

ブレニンの骨をひとりぼっちで南フランスに残すことはできなかった。それで、同じ村に家を買った。毎日の散歩で、ブレニンの石の亡霊の前を通りすぎるたびに、わたしたちは亡霊に「ハロー」と声をかけた。といっても、この結論となる文章をわたしは今、マイアミで書いている。とうとう、先に述べた考えられないほど高い給料のオファーの誘惑に負けたのだ。エンマとわたしはここ、マイアミに二、三ヶ月前に到着した。ニナとテスはまだ生きていて、もちろん、わたしたちといっしょにやって来た。ニナは今でも毎朝六時にわたしを起こし、わたしの手か足がシーツの外に出ていないと、手足が出るまでシーツをめくる。そして、「会わなきゃいけない人たちや、行かなきゃならない場所があるのがわからないの?」とでも言うかのように、ペロペロなめる。けれども、この雌イヌたちにも老いの徴候が出てきた。一日の大半を、プールのわきや庭やソファーの上で眠って過ごす。いっしょにジョギングに出かけることはもうできない。ブレニンの死後、わたしはジョギングを再開した。ニナもテスもこれを喜んだのだが、今では最初の一、二キロを走るともう、ついて来れなくなる。だから、ジョギングする意味ももうない。ブレニンのときと同じように、わたしはニナとテスといっしょに太って、動きがのろくなるかもしれない。それでも、ニナたちはオールド・カトラー・ロード沿いにゆっくりと散歩するのは好きで、ここで出会うアメリカのイヌたちを脅かすだけのエネルギーを出す。こうしたイヌたちはみな、ニナとテスの好みよりもはるかに熱狂的で興奮しやすい。つまりは若すぎる。近所のすべてのイヌが自分たちを怖がるのを、ニナとテスは喜んでいるに違いない。イヌたち、そして飼い主たちは、道路の反対側に渡ってわたしたちを避ける。それで結構だ。わたしが知っているニナとテスの性格を考えると、二頭がボスイヌになろうとするのは確かだからだ。それでも、ニナもテスも弱ってきている。ここの暖かい気候はニナの関節炎には本当に良い。それに、読者よ信じてください、ニナがどう感じているか、わたしにはよく実感できるのだ。

ときどき、とても奇妙な感じがする。かつては自分がオオカミだったのだが、いまや愚かなラブラドール・レトリーバーでしかない、という気持ちになるのだ。ブレニンはわたしの命の一部を再現していたのだが、それが今ではいない。この感情は苦くて甘い。自分がもはや、かつての自分だったオオカミではないという理由で、寂しくもあり、幸せでもあるのだ。けれども、何にも増して、わたしは一度はオオカミだった。わたしは時間の動物ではあるが、大切なのは最高の瞬間だということを今でも思い出す。大切なのは、収穫時の大麦の粒のように人生のあちこちに散らばった瞬間であって、人が何かを始めたり、終える瞬間ではないということを。一生を通じてオオカミであり続けられる人は、いないのかもしれない。だが、それが問題なのではない。いつの日か、神々はもう一度、わたしから希望を奪ってしまおうと決めるだろう。もしかしたら、近々そうするかもしれない。そうでないことを願うが、いつかは起こるだろう。そうなったときには、首根っこを地面に押さえつけられた子オオカミを思い出すために、ベストをつくすつもりだ。

けれども、ここには群れの真実がある。わたしたちの瞬間は、わたしたちだけのものではない。ブレニンの思い出に、一種の奇妙な驚きが混ざることがある。これらのイメージの間に重要な関連があるのが感じられるのだ。思い出が二つの部分的に重なり合うイメージでできているかのように見えるのだ。これらのイメージは、昔の万華鏡の像のように、焦点に向かって集まる。タスカルーサのラグビー場のピッチで、ブレニンがわたしの横でタッチラインを走る様子を思い出す。試合後のパーティーで、ブレニンがわたしの隣にすわっていると、アラバマの可愛い女の子たちがやってきて、「あなたのイヌ大好きよ」と言ったのを思い出す。タスカルーサの通りをわたしといっしょに走るブレニンを思い出す。そして、タスカルーサの町の通りからアイルランドの田舎道へと変わると、いとも容易にわたしの足並みに合わせて走ったブレニンたちを思い出す。大麦の海の中をサケのように跳ね回った三頭を思い出す。獣医がブレニンの右前脚の静脈に注射をした後、ジープの後部座席のわたしの腕の中で死んでいったブレニンを思い出す。そして、イメージが一点に集中すると、わたしはこう思う。「これは本当にわたしなのだろうか。これらのことをしたのは、本当にわたしなのだろうか。これは本当にわたしの人生なのだろうか」と。

このような認識は、いささかシュールな発見のように見えることがある。わたしが思い出すのは、タスカルーサのタッチラインを走っているわたしではなくて、わたしの横を走っているブレニンだ。パーティーの光景でわたしが思い出すのは、わたしではなくて、わたしの横にすわっているオオカミと、オオカミがいるからわたしに近づいてくるパーティーガールズだ。タスカルーサの繁華街やキンセイルの田舎道を走る光景でわたしが思い出すのは、わたし自身ではなくて、わたしと歩調を合わせるオオカミとイヌたちのことだ。わたし自身への記憶は常に位置がずれている。そもそも、これらの記憶の中に必ずしもわたしがいるわけではない。これは時には偶然のボーナスのようなもので、見つけようとしなければ見つからないのだ。

わたしが自分自身のことを思い出すことはない。他者についての記憶を通してでだけ、自分自身をも思い出す。ここでわたしたちははっきりと、エゴイズムの誤信に直面する。これはサルの根本的な誤りだ。重要なのはわたしたちがもっているものではなくて、わたしたちが最良の時に、何者であったかという点だ。そして、最良の時に何者であったかは、瞬間、最高の瞬間においてのみ、わたしたちに明らかになる。けれども、わたしたちの瞬間はわたしたち自身のものではない。わたしたちが本当に一人ぼっちで、ピットブルに地面に押さえつけられ、容易に砕かれそうな子犬でしかないときにも、思い出すのは相手のイヌのことであって、自分自身ではない。わたしたちの瞬間、もっともすばらしい瞬間やもっとも恐ろしい瞬間は、他者についてのわたしたちの記憶を通してのみ、自分の瞬間になる。この他者の善悪には関係なく、そうである。わたしたちの瞬間は群れのものだ。そしてわたしたちは群れを通して、自らのことを思い出すのだ。

もしわたしがサルではなくて、オオカミであったなら、離れオオカミとして生きる道を選ぶだろう。一頭のオオカミが群れを離れて、森へと入って行き、二度と戻らないことがある。こうしたオオカミは旅を始め、故郷には二度と帰らない。なぜそうするのかは、誰も知らない。繁殖したいという遺伝的な欲求が、群れの序列の中で自分に番が回ってくるまで待ちたくないという意志と組み合わされて、そうなったと推測する人がいる。あるいはまた、離れオオカミはとくべつ非社会的なオオカミで、ふつうのオオカミのように他のオオカミといっしょにいることは好まないのだ、と根拠づける人もいる。わたしは自分の流儀からして、これら両方にアイデンティファイできる。だが、これは誰にもわからない。一部のオオカミは、外には大きな古い世界があって、それをできるだけたくさん見ないのは恥だと思ったのかもしれない。最終的にはこれは重要ではない。離れオオカミの中には、孤独に死ぬものがある。一方、他の離れオオカミに出会って、自分たちの群れをつくるものもある。

こうして、運命の奇妙ないたずらから、わたしの人生は現在、これまでで最良である。少なくとも、自分がいかに幸福であるかを目安に判断すればそうである。わたしがこの文章を書いている間に、エンマの陣痛が今にも起こりそうになった。いや、「今にも」起こりそうだと書いたが、実はもう二、三日前から、陣痛が起こるようで起こらないような状態である。子宮は何度もはっきり騒いではいるが、まだ出産が始まるほどしっかりした規則的な陣痛はやってこない。それでも、わたしは楽観的だ。いつでも彼女から電話がかかってきたら、すぐにバッグをつかんで、サウス・マイアミ・ホスピタルにいる彼女のところに車でかけつける用意ができている。だから、この文章も手短にしなければならない。根のない、落ち着かない、離れ人間として四十年を生きた後に、わたしはついに人間の群れを見つけた。わたしの最初の子ども、わたしの息子はもうすぐ生まれようとしている。それが今日であるという予感、かすかな疑いをふるい落とすことができない。そして、生まれてくる息子に高い期待をかけすぎないことを願いながらも、彼をブレニンと名づけようと思っている。

ブレニンよ、ここから五千キロメートルも離れたフランスに眠っている、君の骨のことが心配だ。君が寂しすぎないことを願っている。君がいなくて寂しい。君の石の亡霊を毎朝見られないのが残念だ。でもね、神々が望めば、ぼくたちの群れはじきに君のところに行くよ。ラングドックの終わりのない夏を過ごしにね。そのときまで、ゆっくり眠ってくれ。ぼくのオオカミ兄貴よ。また、夢で会おうね。

謝辞

本書の出版を最初に依頼してくれたのは、グランタ出版社のジョージ・ミラー氏だった。これは、ジョージがわたしに盲目的な信頼を寄せてくれていたからにほかならない。というのも、この本の初期の草稿を読んだ人はみな、何を言いたいのか分からないという点で意見が一致していたからである。ジョージがグランタ出版社を去った後、編集作業はサラ・ハロウェイさんに引き継がれた。彼女は理想的な編集者だった。彼女が鋭く、賢く、そしてとりわけ忍耐強く質問をしてくれ、また断固として、わたしが重要なポイントを見失わないように注意してくれたおかげで、この本は、こうした助けがなかった場合よりもはるかに良くなった。文章校訂はレズリー・レヴィーンさんにしていただいた。わたしのそれなりに広い経験においても、校訂がこれほど苦しくなく、いささか楽しくすらあったことはないし、文章の書き方について校訂プロセスからこれほど多くを学んだこともない。これら三者の方すべてに、深い感謝を捧げる。

常にすぐれた校正をして下さったヴィッキ・ハリスさんにも感謝する。さらに、またしてもわたしのクレージーなプロジェクトを軌道にのせて下さった、わたしのエージェント、リズ・パティックさんにもお礼を申し上げないわけにはいかない。

この本の主人公なしでは、本書は存在しなかったはずである。だから、わたしの兄弟オオカミ、ブレニンよ、ありがとう。わたしといっしょに暮らしてくれて、本当にありがとう。そしてもちろん、ブレニンの相棒であるニナとテスにも、ありがとう。

最後に、ブレニンに一言。わたしの兄弟ではなくて、息子であるブレニンに。この本を書き始めたのは、君のことをこの老いぼれ親父が夢にすら見なかった頃だから、この本を君のために書いたとは言えない。それでも、この本を完成させたのは、君の名前のことを君に分かってもらいたかったからだ。それに、印税の前払いもとっくに使いはたしてしまっていたしね。最終的に、一つのことを覚えておいて欲しい（この助言をしたことを、将来どれほど後悔するかと思うと、身が震えるが）。挑む意志《ディファイアンス》（反抗）によってのみ、わたしたちは救われるのだ、ということを。

マイアミにて　　マーク・ローランズ

訳者あとがき

本書は、大学で哲学を教える気鋭の学者が一匹の仔オオカミと出会い、共に暮らし、その死を看取るまでをつづったユニークな読物である。

著者マーク・ローランズ自身も冒頭で言っているように、これはブレニンという名のオオカミについての本である。といっても、オオカミの生態を描いた純粋な学術書ではない。本書は人間についての本でもある。文明社会に入り込んだオオカミの姿をとおして見えてくる、人間の真実について、哲学的に論じた本とも呼ぶことができようか。

著者はアラバマ大学の准教授だったころ、ある日「オオカミの子ども売ります」の新聞広告を目にするや、バーミンガムへと車を飛ばす。五百ドルで買い受けたアラスカ産のオオカミをブレニンと名づけ、家につれて帰る。ものの二分としないうちに、ブレニンはリビングのカーテンを引きずり落とし、庭にとび出すと、地下室の空調設備のパイプをすべて嚙みちぎってしまう。こうして第一日目から、のちに著者の弟とも兄ともなったオオカミとの、多難ではあっても、充実した共同生活がはじまる。

ブレニンをけっして一人にしないと誓った著者は、ブレニンを大学での講義にも、ラグビーの試合、パーティー、旅行にも連れて行く。そして著者の職場がえにより、舞台はアメリカからアイルランド、イギリス、そしてフランスへと変わってゆく。そのときどきの様々なエピソードを紹介しながら、ブレニンが癌による死を迎えるまでを描くのが本書の一方の柱だとすれば、もう一方の柱は、ブレニンとの共同生活から見えてくる、人間という存在の根本的な問題――人生とは何か、愛、死、幸福、文明とは何か、といったことについての考察である。

この本の魅力は二つある。

一つはもちろん、ブレニンの個性がもつ魅力、そしてブレニンにまつわるエピソードのおもしろさだ。

著者の厳しい訓練に合格し、大学の授業にもついてくるブレニン。好奇心が旺盛で、退屈を嫌い、著者がいないと、何でもこわしてしまうブレニン。自分と同等の力がある、大型の雄イヌに対しては敢然と闘いを挑み、容赦しないが、小さなイヌや人間の子どもを前にすると、途方にくれながらも、やさしく扱うブレニン。

悪いことをしたのが見つかると、「ウワッ、見つかっちゃった、これは困った」というポーズをとるというエピソードでは、読者はオオカミの意外な側面を見る思いがすることだろう。また、癌におかされ、傷の手当てによるたいへんな苦痛や、友だちのイヌや自分の娘からもうとまれるという寂しさに耐えなければならなかった姿には、ヒトと変わらない、いやそれ以上の悲しみを覚えることだろう。

こうした数々のエピソードを読み進むと、これまで抱いていたオオカミに対する偏見や恐れがとけていき、親近感がわいてくる。

ちなみに、ブレニンは散歩やジョギングのとき、綱につながれたことはほとんどなかったようだが、人を襲ったことは一度としてない。著者によると、ブレニンは（著者以外の）人間には、ほとんど無関心だったという。

イヌを飼う人への著者の鋭い指摘も興味深い。第二章では、野生の気質をもつブレニンを訓練する様子がくわしく描かれているが、これなどは、言うことを聞かない飼い犬にてこずっている読者には、大いに参考になると思われる。わたしは本来はイヌ好きではなかったが、この本のおかげでイヌの見方も変わった。状況が許せば、いつかイヌを友にしても良いのではないかとすら、思えてきた。

本書のもう一つの魅力は、著者が、ブレニンの生き方やその死と関連させながら、従来の人間観を克明に検証し、その不十分性を考察していく論述過程だ。これはちょっと謎解きのようで、わくわくする。人間の「内なるサル」を次々と明るみに出してゆくくだりもその一つだろう。ここから露呈される「サルである人間」は、著者の言うとおり、あまり喜ばしいものではない。

サルは社会生活のなかで、相手の意図や状況を読み、それを利用して仲間を欺き、謀略をたくらみ、相手の弱みにつけこんで自らの利益を得ようとしてきた。だからこそ知能が高度に発達したのだと、著者は主張する。そして、サルである人間もまた、このような面をもっているのだと言う。

サルにとっても、人間にとっても、世界は、自分のためにどのように機能するかで測られる。人間の優れた知能の中心には、たくらみや嘘がひそんではいないか。人間の邪悪性はサル性に由来するのではないか。ひとがイヌ（やオオカミ）を愛するのは、サルになる以前にわたしたちがもっていたものを呼び覚ますからではないのか……。

さらには神話やさまざまな哲学者、ニーチェ、ハイデガー、ミラン・クンデラなどの思考も取り入れながら、愛、幸福、人生の意味といったことについても考察がすすめられる。第八章「時間の矢」では、「死はわたしたちから何を奪うのか」が論じられるが、これに関連して、「瞬間」をめぐる人間と動物の差異を説く著者の精緻な思考過程は、本書の読みどころでもあるだろう。「哲学者というのは、このようにして論理や理屈を展開するのか」と、哲学の思考方法を垣間見ることができるのも面白い。著者の考えに同意するかどうかはともかく、誰もが生活の中でいつも問い続けているこれらのテーマについて、新しい見方が開けてくるのはたしかだ。

第六章の、「人間は幸せジャンキー」だという著者の指摘には思わずニヤっとしてしまった。ちょうど今ドイツでは、「あなたも幸福になれる」のような幸せハウツー本があふれ、ベストセラーにもなっているからだ。日本でもさして事情は変わらないと思うが、ブレニンの死という「レッスン」からえた著者の認識は鋭く、爽快ですらある。

著者の、オオカミ、いや動物一般を公平に捉えようとする姿勢にも共感を覚える。自分たち人間は動物よりも優れている、と自明のように考える人間の傲慢さをいましめ、それぞれの動物や人間が、それぞれ置かれている生活条件に適した形で優れているのだと著者は指摘する。ブレニンを通して、動物への理解、動物の権利にも目覚めた著者は、好きなステーキも断念してヴェジタリアンになってしまった。このように、ブレニンが著者にあたえた影響、レッスンは並々ならぬものがある。

けれども、著者はブレニンを擬人化しているわけでは、まったくない。擬人化していないからこそ、ブレニンを盲目的に可愛がるのではなくて、リアルに冷静に理解し、ブレニンから学ぶことができたのだろう。

本書の第一章に「もっとも大切なあなたというのは、自分の幸運に乗っているときのあなたではなく、幸運が尽きてしまったときに残されたあなただ」とあり、最後の章には、「人生で一番大切なのは、希望が失われたあとに残る自分である」という文章がある。

この言葉がわたし自身にとって何を意味するのかが実感できるのは、いつの日になるかわからないが、心に強く残る言葉である。


著者にはすでに十数冊の著作があるが、邦訳されているものとしては『哲学の冒険』（筒井康隆監修、集英社インターナショナル）がある。また著者はホームページ（www.markrowlandsauthor.com）のほかに、ブログを開いており（http://rowlands.philospot.com/）、著者の現在の活動の様子やプライベートな生活の一端も知ることができるし、コメントを送ることもできる。興味のある方はのぞいてみてはいかがだろうか。

W・フロイント『オオカミと生きる』、E・ツィーメン『オオカミ――その行動・生態・神話』にひきつづき、訳出にあたっては、今回も編集部の稲井洋介氏にたいへんお世話になった。細かいところまで鋭いご指摘やご助言をいただき、心より感謝いたします。

二〇一〇年三月　ドイツ、フライブルクにて　　今泉　みね子

訳者紹介
今泉みね子（いまいずみ・みねこ）
国際基督教大学教養学部自然科学科卒業、生物学専攻。
フリージャーナリスト・翻訳家。1990年よりドイツのフライブルク市に住み、ドイツ語・英語書籍の翻訳、ドイツ語圏の環境対策に関する執筆・講演に従事している。
主要著書
「クルマのない生活」
「ここが違う、ドイツの環境政策」
「ドイツを変えた10人の環境パイオニア」（以上、白水社）
「みみずのカーロ」（合同出版）
「励ます弁当」（ランダムハウス講談社）
主要訳書
「イルカがくれた奇跡」
「オオカミと生きる」
「オオカミ——その行動・生態・神話」（以上、白水社）
「巣をつくる、あなをほる——虫の子育て」
「野をわたる、風にのる——植物のたび」（以上、岩波書店）

哲学者とオオカミ —— 愛・死・幸福についてのレッスン

2010年4月1日　印刷
2010年4月20日　発行

訳者 ©　今泉みね子
発行者　及川直志
印刷所　株式会社 三秀舎

発行所　株式会社 白水社
〒101-0052 東京都千代田区神田小川町3の24
電話 03-3291-7811（営業部），7821（編集部）
http://www.hakusuisha.co.jp
乱丁・落丁本は，送料小社負担にてお取り替えいたします.

振替 00190-5-33228　Printed in Japan　松岳社 株式会社 青木製本所

ISBN978-4-560-08056-6